テレビの教科書

ビジネス構造から制作現場まで

碓井広義
Usui Hiroyoshi

PHP新書

はじめに

日本でテレビ放送が開始されたのは1953（昭和28）年2月1日のことだ。したがって、2003年2月1日に、ちょうど50周年を迎えたことになる。放送が始まった頃はモノクロだった画面がカラーになり、やがて衛星放送が始まり、BSデジタル、CSデジタルと「デジタル放送」の時代となった。2003年末からは地上波デジタル放送も開始される。これらハード面の進化によって、50年前にたった二つのチャンネル（NHK・日本テレビ）で開始されたテレビ放送は、いまや数百を超える「多チャンネル」時代を迎えている。

その間、それぞれの時代に、おびただしい数の番組が作られ、流されてきた。放送が始まってしばらくすると、娯楽の王様といわれた映画に代わってテレビがその頂点に立った。その後、視聴者は国内や世界から飛び込んでくるニュースに驚き、バラエティに笑い、ドラマに涙しながら、テレビと共に暮らしてきた。「テレビ好きな国民」と呼べるほど、テレビは日本人の生活の中に浸透している。テレビの影響力もまた増大しているといえるだろう。

そうでありながら、テレビの仕組み、テレビの特性に関して、視聴者側の持つ情報は、まだまだ少ない。テレビは、その危うさも含め、いかにしてテレビたりえているのか。視聴者は、テレビから与えられる情報とどう向き合っていったらよいのか。その基本を明らかにしようというのが本書の狙いだ。後述する「テレビ・リテラシー」という概念を足場に、著者が20数年を過ごしたテレビの制作現場からの視点を加えて、視聴者の〝テレビを知るための基礎テキスト〟となることを目指している。

あわせて本書は、小中学校の「総合学習」の時間や、高校における「情報」の授業の際に使える〝実践型サブ・テキスト〟でもありたいと思う。映像メディアであるテレビについては、実際に映像を制作してみることで体感できることが非常に多いはずだ。

私自身が大学で行ってきた授業は、前期でテレビ・メディアの成り立ちから歴史、そしてテレビの持つ様々な側面を明らかにし、後期は、学生たちが実際に映像制作を行うことにより、テレビ番組や映像の「特性」を知るという内容である。本書の構成も、これに準じた形になっている。

第一部では、まず「テレビ・リテラシー」について考える。次に、テレビとは何なのかを知るために、過去から現在まで50年の歴史を、テレビ・リテラシーの側面を交えながら概観する。

どんな時代に、どんな番組が作られ、流され、その間にどんな「問題」が発生してきたのかがわかるようにした。

さらに、テレビの大きな「特性」として、ひとつの〝文化〟であると同時に〝産業〟でもあるという点を探っていく。番組制作とビジネスの構造を明確にし、さらに放送産業と密接な関係を持つ視聴率について述べている。このビジネス面が見えてこないと、テレビを本当には理解できないからだ。

第二部は、テレビ番組というコンテンツはいかに作られているのか、その制作プロセスを解説している。これにより、現在放送されている番組の作り方の〝基本〟、つまりテレビの情報がどのようにして生まれているか、その仕組みや裏側が見えてくる。作り方、作られ方を知ることで、テレビの〝見方〟そのものが変わってくるはずだ。

また、このブロックを参照して、ぜひ実際に映像制作を行ってみてほしい。テレビからの情報に対して「受け手」であると同時に「送り手」となることで、テレビの「特性」がより見えてくるだろう。

なお、私が大学で行ってきた、テレビ・リテラシー講座での実践例のひとつを第10章で紹介してあるので、参考にしていただきたい。

願わくは、この本を通じてテレビ・メディアの本質を知ることにより、単なる情報の受け取り手ではなく、積極的な視聴者、厳しい批評家として、テレビとの〝新しい関係〟を築いていってほしい。正当な批評のないところに文化は育たないからである。

さらに、読者自身が情報の発信者として、テレビやブロードバンドといったメディアに参加されることを強く願っている。

テレビの教科書　目次

はじめに

第一部　基礎編――テレビ・メディアを知る

第1章　「テレビ・リテラシー」とは?

テレビの影響力は他のメディアをしのぐ　18
視聴者に求められる「情報解読能力」　19
カナダ発の「メディア・リテラシー」　20
メディア・リテラシーの定義と概念　22
情報を批判的に読み、創造的に表現する力　24
戦争報道とテレビ・リテラシー　27
メディア検証機構の活動　30

第2章　テレビは何を映してきたか(1)
〈1950年代――誕生から成長へ〉

わずか866件の受信契約　36
有料放送と広告放送　37

正力松太郎が実施した街頭テレビ　38
映画界の危機　40
〈1960年代――テレビ文化の成立〉
テレビ普及率48・5％に　41
＊事件簿①――政治的圧力で放送中止〈65年〉　42
衛星中継の開始　43
ワイドショーとCMのヒット　44
＊事件簿②――田英夫キャスター降板〈67年〉　47
＊事件簿③――成田反対運動とTBS〈68年〉　47
〈1970年代――プロダクションの登場〉
モーレツからビューティフルへ　48
制作プロダクションの登場　50
＊事件簿④――スポンサーの圧力で放送中止〈72年〉　51
＊事件簿⑤――NHKらしくない？〈73年〉　51
局のメッセージを込めた演出的編成　52
＊事件簿⑥――公害摘発ニュースの放送中止〈75年〉　53
ドラマ全盛の時代　53

第3章 テレビは何を映してきたか(2)

〈1980年代——笑いと報道の時代〉
「全員集合」から「ひょうきん族」へ 56
報道番組も見せ方しだい 58
＊事件簿⑦——演出という名の「やらせ」〈82年〉 60
「ニュースステーション」の成功 60
＊事件簿⑧——「アフタヌーンショー」放送打ち切り〈85年〉 62
〈1990年代——多様化とデジタル革命〉
湾岸戦争とヴァーチャルリアリティ 63
＊事件簿⑨——あとを絶たない「やらせ」問題〈92年〉 64
＊事件簿⑩——「替え玉」収録〈92年〉 65
＊事件簿⑪——秘境の落石を演出？〈93年〉 66
＊事件簿⑫——テレビ朝日「椿発言」〈93年〉 67
阪神大震災とオウム事件 68
＊事件簿⑬——TBS坂本弁護士ビデオ問題〈95年〉 70
＊事件簿⑭——ペルー日本大使公邸人質事件〈96年〉 70
変わらないテレビの影響力 71
＊事件簿⑮——所沢ダイオキシン報道〈99年〉 72
〈2000年以降——本格的デジタル放送の時代へ〉

BSデジタル放送の苦戦 73
政治のワイドショー化とテロ報道 75
なぜ地上波のデジタル化が必要なのか 76

第4章 テレビのビジネス構造
広告媒体としてのテレビ 79
CMを見てもらうための仕掛け 81
テレビ広告の方法――タイムとスポット 82
番組制作費の流れ 84
年間50億円の予算が必要？ 85
テレビ制作にかかわるヒト・モノ 88
「放送する」ことはいかにして決定されるのか 90
「創造」と「ビジネス」のジレンマ 92
「プロの視聴者」「アグレッシブな視聴者」になるために 94

第5章 視聴率は魔物か
視聴率主義の元祖、フジテレビ 96
視聴率調査の歴史 97
世帯視聴率と個人視聴率 100

視聴率調査の三つの方法 100
サンプリングはどのように行われているか 102
標本誤差問題 103
視聴率の計算方法 104
三つの視聴率 107
電波料 108
GRP——延べ視聴率 109
視聴率調査への批判 111
視聴率をどうとらえるか 114

第二部 実践編——テレビ番組を作る

第6章 「ドキュメンタリー」を制作する(1)——企画・構成
テレビ番組の四つのジャンルと三つの作り方 119
ドキュメンタリーの定義 120
ドキュメンタリーの三大要素 122
ドキュメンタリー制作の流れ 123
企画するということ 125

「追跡！ 消えた侯爵の謎」の体験から 127
テーマ――「伝えたいこと」「訴えたいこと」 129
素材探し――情報の収集 131
番組作りと資料 132
ロケハン――撮影の場所を探す 133
構成――素材の並べ方 134
取材――放送する側とされる側の立場 134

第7章 「ドキュメンタリー」を制作する(2)――取材・撮影

ドキュメンタリーの撮影 138
カメラの特性 139
映像による表現 140
画面サイズ 140
カメラポジション 143
イマジナリーライン 144
カメラワーク 144
カメラアングル 148
配置（レイアウト）と構図（フレーミング） 149
映像で伝えるとは？ 150

第8章　「ドキュメンタリー」を制作する(3)――演出
予定どおりに撮れるドキュメンタリーなどない　152
中間報告としてのドキュメンタリー　154
ドキュメンタリーの演出　156
「演出」と「やらせ」の違い　158
再現という手法　161
プロフェッショナルの厳しさを持てるか　162

第9章　「ドキュメンタリー」を制作する(4)――編集・仕上げ
テープ編集とノンリニア編集　166
ラッシュ――撮影済みの映像をチェックする　167
編集作業における四つの狙い　168
二つの編集手法　169
つなぎ目の加工　170
カットのつなぎ方　170
音声素材の種類とインタビューの編集　173
効果音と音楽の編集　175
ナレーション　176

第10章　テレビ・リテラシーのための体験的ワークショップ

「ドキュメント『街』～渋谷篇」の制作実験　179
「解読できる能力」と「表現できる能力」　182
制作者の意図を実感する　184
それぞれの映像作品の内容と評価　184
ワークショップ参加者の感想　189

あとがきにかえて

テレビについての記憶　195
現場から見たテレビ論を講義に　196
新たなメディア論の可能性　199
人生はいつも本番　201

参考文献
著者がプロデュースした主な番組

写真――ＰＡＮＡ通信社、共同通信社、ＴＢＳ

第一部

基礎編——テレビ・メディアを知る

第1章「テレビ・リテラシー」とは？

テレビの影響力は他のメディアをしのぐ

テレビというメディアの最大の特色は、非常に多くの人に対して、同時に、同じ情報を伝えることが可能であるという点にある。特に情報を受け取る対象（視聴者）は、新聞や雑誌などの活字メディアや、同じ電波メディアのラジオなどと比べて、圧倒的に多数である。また、動く画像、つまり「映像」の持つ情報量もほかと比較すると格段に大きい。いわゆる「百聞は一見にしかず」だ。しかも、世界の出来事を居ながらにして見ることができる。英語のテレビジョンという言葉自体が、tele「遠い」「遠距離」とvision「見えるもの」を合わせたものであり、まさに「遠くを見る」道具なのだ。

無料（民放）でニュースや娯楽を提供してくれる便利な装置であり、いつでも簡便に情報を受け取ることが可能なメディア、それがテレビだ。だからこそ一家に一台どころか、一人に一台に近いほどの普及率となった。テレビは、それこそ文字をまだ読めない小さな子供から高齢者に至るまで、世代の区別なく見ることができる。また、東京などの都市から地方の町や村まで地域の区別なく視聴が可能だ。つまり、テレビからの情報は、新聞やラジオなどと比べて、「共有」される度合いが極めて高いといえるだろう。

当然、その影響力は他のメディアをしのぐものになる。「テレビで見た」「テレビで言っていた」ことは、多くの視聴者にとって大きな効力を発揮する。それによって、消費行動など直接的な動きが起こる場合もあれば、世論や社会心理の形成といった、目には見えにくいが社会に重大な変化をもたらす機能もあるのだ。

視聴者に求められる「情報解読能力」

そんな力を持つテレビだが、視聴者側は単純に情報を受け取っていればいいというものではない。テレビの情報も他のメディアと同様に、独自の「特性」と「システム」に基づいて作られており、また発信されている。そこには情報を生み出し、送り出す側の「論理」や「事情」が存在するのだ。

そして、これが重要な点だが、テレビからの情報がすべてを伝えているわけではない。また、流される情報のすべてが正しいわけでもない。あえて厳しく言えば、テレビは時に嘘をつくこともあり、見る人を欺くこともあるのだ。それが意図したものである場合もあるし、意図しないが現実には視聴者をミスリードしてしまうこともある。万一、悪意やみずからの利益だけを考えての情報操作であれば、それは糾弾されるべきであり、事実そういう出来事もあった。テレビはその都度、反省の意を示し、倫理の再確認を宣言し、自浄作用を誓ってきた。しかし、誰の目にも明らかな情報操作というものは、そう多くあるわけではない。むしろ、テレビは公平性や正義を装いながら視聴者を巧みに誘導することのほうが多く、また、それが可能なメディアなのである。しかも、そこには「規制」と「表現の自由」との相克という、かなり難しい課題も存在する。

だが、この問題について、テレビの作り手、送り手側だけに任せていてよいわけではないのも、また事実だ。つまり、テレビの視聴者、受け手の側も、自身の「情報受容能力」「情報解読能力」を高めていく必要がある時代だといえるだろう。

カナダ発の「メディア・リテラシー」

ここで登場するのが「メディア・リテラシー」である。近年、一般的にも耳にするし、目にとまることも多くなった言葉だ。

「リテラシー literacy」を直訳すれば、「読み書きできる能力」となる。本来は、国語や文学といったジャンルで使われてきた言葉だ。リテラシーの頭にメディアが付くことで、文字ではなく「メディアを対象とした読み書き能力」を指すようになった。様々な定義があるが、私自身は「メディアから送られてくる情報を、批評的に解読すると共に、みずからも情報発信を行うことのできる能力」と考えている。

単なる受容ではなく、送り手側の意図や、込められた意味などを含めて読み解くこと。さらに、メディアからの情報の受け取り手であるだけでなく、メディアを使って情報を生み出し、発信していける能力。それらを身につけるための作業、もしくは広めるための活動も、メディア・リテラシーの中に入ってくる。

当然のことながら、この概念は日本に〝輸入〟されたもので、メディア・リテラシーの〝先進国〟としては、カナダがある。60年代に、トロント大学にいたメディア学者のマーシャル・マクルーハンが、「メディアはメッセージである」という有名な言葉を発した。彼によって、テレビなど新たなメディアの持つ意味、影響力などが分析された。

70年代に入ると、マクルーハンの予測以上にテレビは日常生活に入り込む。それまでも、映画や音楽などで過激な描写が問題となり、教師を中心にメディア・リテラシー教育の必要性が言われていた。だが、この時代になると、テレビで展開される性や暴力の描写が、明らかに子供たちや若者に「悪影響」を及ぼすと指摘されるようになっていたのだ。

これについては、カナダ特有の背景もある。まず、広い国土と少ない人口の国であるカナダでは、人と人とのコミュニケーションに強い関心が持たれてきたこと。次に、国境を接するアメリカのメディアが送ってくる、文字どおり「アメリカ文化」の影響を強く受ける位置にあるということだ。メディア・リテラシーが、一種の〝文化的防波堤〟の役割を果たす必要があったといえるだろう。教育現場で、また地域社会で様々な取り組みが行われて、現在に至っている。

メディア・リテラシーの定義と概念

日本でメディア・リテラシーが紹介されたのは、1980年代初頭のことだ。立命館大学教授の鈴木みどりさんを中心としたNPO組織「FCT市民のメディア・フォーラム」の活動などは、その先駆けといえるだろう。鈴木さんの編集による『メディア・リテラシーを学ぶ人のために』には、カナダの市民組織「メディア・リテラシー協会」による定義が載っている。

「メディア・リテラシーとは、メディアはどのように機能するか、メディアはどのように意味を作りだすか、メディアの企業や産業はどのように組織されているか、メディアは現実をどのように構成するかなどについて学び、理解と楽しみを促進する目的で行う教育的な取り組みである。メディア・リテラシーの目標には、市民みずからメディアを創りだす力の獲得も含まれる」。

また、アメリカの「メディア・リテラシー運動全米指導者会議」での定義としては、「メディア・リテラシーとは、市民がメディアにアクセスし、分析し、評価し、多様な形態でコミュニケーションを創りだす能力を指す」。

さらに、鈴木みどりさん本人の定義。

「メディア・リテラシーとは、市民がメディアを社会的文脈でクリティカルに分析し、評価し、メディアにアクセスし、多様な形態でコミュニケーションを創りだす力を指す。また、そのような力の獲得を目指す取り組みもメディア・リテラシーという」。

ここでは、メディア・リテラシー教育や、メディア・リテラシー向上のための運動なども、メディア・リテラシーと呼ぶ点が注目される。基本的には、私自身もその考え方をとっている。

カナダ・オンタリオ州教育省編の『メディア・リテラシー――マスメディアを読み解く』には、有名な「メディア・リテラシーの八つの基本的な概念」が並んでいる。メディア・リテラシーを知るために、まず押さえておいてほしい項目ばかりだ。

「メディア・リテラシーの八つの基本的な概念」

①メディアはすべて構成されたものである。

②メディアは現実を構成する。
③オーディアンスがメディアから意味を読み取る（＊筆者註　オーディアンス＝聴衆・視聴者・受け取り手）。
④メディアは商業的意味を持つ。
⑤メディアはものの考え方（イデオロギー）と価値観を伝えている。
⑥メディアは社会的・政治的意味を持つ。
⑦メディアの様式と内容は密接に関連している。
⑧メディアはそれぞれ独自の芸術様式を持っている。

情報を批判的に読み、創造的に表現する力

また、同志社大学教授の渡辺武達さんが、その著書『メディア・リテラシー』で行った定義は、「私たち自身がメディアを使いこなし、メディアの提供する情報を読み解く能力」であり、加えて「メディアを使いこなすことを内包する大切な意味としなければいけない」としている。

さらに、上智大学助教授の音好宏さんなどメディアリテラシー研究会のメンバーがまとめた『メディアリテラシー――メディアと市民をつなぐ回路』には、メディア・リテラシーとは「人間がメディアによって情報を批判的に読み取ったり、創造的に表現するための複合的な能力の

ことです」とある。

ここでは、「批判的に」という言葉が使われていて、よりアグレッシブな情報の受け取り方を求めている。また同時に、メディア・リテラシー教育の目的については、次の四つをあげている。

①メディアの特性理解に基づき、メディア・メッセージを批判的に受容したうえで、
②メッセージを創造的に解釈し、さらに、
③メディアの利用法を身につけたうえで、
④メディアを通じてみずから創造的メッセージを発信するような「受け手＝送り手」を育むこと。

リテラシーという英語自体、本来は文字を読み、そのうえで書く、つまり文字を使いこなす能力を表現している。メディア・リテラシーもまた、メディアを使っての発信までを視野に入れていることになる。

ジャーナリストの菅谷明子さんは、その著書『メディア・リテラシー――世界の現場から』の中で、こう解説する。

「メディア・リテラシーとは、ひと言で言えば、メディアが形作る『現実』を批判的（クリティ

カル）に読み取るとともに、メディアを使って表現していく能力のことである」。

さらに、「メディア・リテラシーとは機器の操作能力に限らず、メディアの特性や社会的な意味を理解し、メディアが送り出す情報を『構成されたもの』として建設的に『批判』するとともに、みずからの考えなどをメディアを使って表現し、社会に向けて効果的にコミュニケーションをはかることでメディア社会と積極的に付き合うための総合的な能力を指す」としている。

本書では、メディアの中でも影響力の強いテレビに焦点を当てて、メディア・リテラシーを考えていく。したがって、ここではメディア・リテラシーを「テレビ・リテラシー」と言い換えてもよい。これについては、渡辺武達さんが先の著書『メディア・リテラシー』の中で「テレリテラシー」という言葉を使っているのと同義である。

前述した本『メディア・リテラシー――マスメディアを読み解く』に載っている「メディア・リテラシーの八つの基本的な概念」を、私の考える「テレビ・リテラシー」に対応するようアレンジすると、以下のようになる。

「テレビ・リテラシーの基本概念」

①テレビはそれ自体がひとつの文化である。

②テレビはそれ自体がひとつの産業である。
③テレビは視聴者に意味を読み取らせる。
④テレビはものの見方、考え方、価値観などを伝えている。
⑤テレビは社会的・政治的な意味も持つ。
⑥テレビは独自の表現を持つ。
⑦テレビから送られてくる情報はすべて構成されている。
⑧テレビは現実をも構成する。
⑨テレビの特性と内容は密接に関連する。

あらためて言えば、「テレビ・リテラシーとは、テレビから送られてくる情報を、批評的に解読すると共に、みずからも情報発信を行うことのできる能力」である。

戦争報道とテレビ・リテラシー

2003年3月に起きたイラク戦争は、もともと、どうしてもフセイン政権を倒したいという、いわば〝ブッシュの戦争〟であったが、今回は「アメリカ大統領がやると決めたら、戦争さえ誰にも止められない」という事実が露呈したことが、とても重たかった。

開戦と同時に、CNNなどアメリカのテレビはもちろん、〝同盟国〟である日本のテレビでも、朝から晩までイラク戦争の報道が続いた。ニュース、報道番組はもちろん、ワイドショーまでがあっという間に北朝鮮からイラクへとシフトしてしまった。この変わり身の早さもテレビ的だが、問題は画面から流れてきた情報にある。

多くの番組が、スタジオに専門家を置き、あとは現地からのリポートと「進軍」「爆撃」「戦闘」といった映像から成り立っていた。この爆撃、戦闘シーンだが、ほとんどは米軍に同行している報道機関が撮った映像だ。現地では、活字、映像合わせて600人以上が〝従軍取材〟しており、軍のサポートを受けて〝臨場感〟あふれる映像を送り続けていた。

3月23日には、白昼の銃撃戦の〝生中継〟さえ登場した。これまでも、湾岸戦争でミサイルに取り付けられた超小型カメラが、ピンポイントで標的に向かっていく「ミサイルの見た目」の映像を世界に見せつけたが、さすがに地上戦での戦闘シーンの生中継は、戦争報道史上初めてのことだった。

一方、イラク国営テレビの映像もよく流された。こちらは、フセインが健在であるとか、米軍が民間人への非道な攻撃をしているといった内容を、国内外へ向けてアピールしていた。要するに、どちらもテレビというメディアを使った〝情報戦〟を展開していたことでは、基本的に変わらない。

こうなると、激しい空爆、砂漠を進撃する戦車の群れ、投降してくるイラク兵といった映像を見て、単純に米軍優勢と判断することはできないし、負傷した子供の映像だけで米軍を非難するのも短絡的すぎるだろう。それぞれの映像の裏には、それを撮影し、編集し、発信する側の〝意図〟が込められているからだ。日本のテレビから流れてくる「現地の映像」について言えば、まず、その映像が「誰によって」撮られたものかという〝出所〟を、より明確にするべきだった。次に、取材制限を受けているならそのことも含めて、流す映像の〝意味合い〟や〝限界〟を視聴者に知らせて欲しかった。それで、ようやく視聴者は自身で〝判断〟することができる。

まさに「テレビから送られてくる情報はすべて構成されている」こと、また「テレビは現実をも構成する」ことを明らかにしていく責任が、テレビ側にはあるのだ。特に、今回のように戦争を日常的にテレビで見ることになる子供たちには、教室など教育現場においても、この点を説明していく必要があった。

映像の力は強い。繰り返しの効果もある。テレビが送り出す大量の戦争映像が、見る側をどこへ誘導しようとしていたか、今後、検証していかねばならないだろう。このような状況の中で、ますます「テレビ・リテラシー」が重要になってくる。

メディア検証機構の活動

現在、大学や高校など教育機関を拠点に各地でメディア・リテラシー教育が、また、FCT（市民のメディア・フォーラム）などの組織によるメディア・リテラシー運動が行われている。その中で、注目すべき活動をしているのが、特定非営利活動法人（NPO）の「メディア検証機構」（IMR）だ。2000年の設立以来、各放送局のドキュメンタリー・報道番組を中心に視聴し、「構成」「論理性」「広範性」といった複数の角度から番組の〝格付け〟を行い、外部に向けて発表している。

設立の中心人物であり、理事長を務めているのは慶應義塾大学総合政策学部教授の草野厚さんである。この組織を立ち上げる前から、草野さんはテレビ報道に関する研究会を主催していたが、出てきたひとつの結論は「視聴者の〝正確な〟判断を促すような情報提供が常に行われているとは限らない」ということだった。そこで、「視聴者のリテラシー能力向上の一助となる試み」として、この組織を作った。

活動の主軸はドキュメンタリー・報道番組の格付けである。そこには、「視聴者に対する情報の提供」と、「番組の質の向上に寄与する」という二つの目的がある。

格付けは、5人の研究員と理事長、事務局長によって構成された番組審査会が担当している。

毎月、各研究員が、番組審査会から指定された番組をそれぞれに視聴し、検証・格付けを行うのだ。研究員ごとの結果が公表されるが、それは客観性、多様性の確保のためだ。

格付けは、次の五つの基準項目にしたがって行われている。

①構成……番組の構成として、メッセージが適切に伝えられているか。そのメッセージは理解しやすいか。

②論理性……番組のメッセージの説得力は高いか。論理の材料は適切に提示されているか。

③新奇性……番組が取り上げたテーマ、内容、視点などが、新しいものか。

④広範性……その問題の全体像を理解できる情報は提供されているか。番組のメッセージに沿った情報だけが提示されているようなことはないか。番組の内容は偏っていないか。

⑤表現……内容を理解するうえでの助けとなる表現（演出）が、適切になされているか。特定の意図で、視聴者に錯覚を与えるような表現になっていないか。

5人の研究員が、これら五項目に関して5点満点で採点を行う。点数の意味合いは、「5点＝極めて優れている」「4点＝優れている」「3点＝普通」「2点＝問題がある」「1点＝極めて問題がある」。

また、採点と合わせて、研究員は各項目についての意見・分析内容を発表している。現在、録画を定期的に行い、格付けをしている番組の中心は、以下のとおりだ。

「NHKスペシャル」NHK

「クローズアップ現代」NHK

「NNNドキュメント'03」NTV

「JNN報道特集」TBS

各番組のすべてではなく、テーマなどによって選択しているが、2002年には、これらの番組にテレビ朝日「ザ・スクープ」を加えて、年間76本の格付けを行った。もちろん、他の番組も必要に応じて検証の対象としている。

5名の委員が五つのポイントでチェックした結果は、年に5回発行するニューズレター「MEDIA WATCH」で公表。また、1年間の検証をまとめた『年報』も発行している。

格付けの一例を紹介しよう。「JNN報道特集」の2003年2月23日放送分「イージス艦アラビア海で初の同乗」について、理事長の草野厚慶大教授が行ったものである。この番組では、当時、イラク情勢で緊迫していたアラビア海へ、激論の末派遣されたイージス艦に、記者が同乗し取材していた。

〔構成〕 1点

制作者が短時間に、複数のメッセージを入れようとしたために、何を言いたいのかよくわからない番組になってしまった。自衛隊の国際協力活動が、酷暑のアラビアで行われていて大変だということを言いたいのか、テロ特措法に基づく給油が、法律の範囲を越えて、イラク危機が戦争に拡大した場合にも行われるのではないかという点に警告を発したいのか、どちらなのか。報道特集らしくない政府広報の部分と、問題提起が混在した作品。

〔論理性〕 1点

視聴者に対して、イージス艦がなぜ出かけていくのか説明は必要だろう。その意味で、給油艦「ときわ」と護衛艦であるイージス艦「きりしま」「はるさめ」の関係が、番組の中ほどまで見ないとわからないのは致命的な欠陥だ。炎天下の作業、勤務形態など隊員の苦労はわかるが、番組でなまの声や、ジムや床など生活空間を紹介したために、かえって番組のメッセージが曖昧になった。

〔新奇性〕 3点

快適な居住環境であるイージス艦の派遣が必要な理由の一つとして、政府は炎天下の作業の厳しさをあげていたが、映像で現場の様子を見て、多少理解はできた。洋上給油の様子が具体的にわかったのはよかった。
〔広範性〕2点
アラビア海での過酷な任務の紹介という番組であれば、留守家族の反応なども伝えたほうがよかった。他方、イラク攻撃への日本の間接的支援として、洋上給油の拡大が行われることへの疑問提起であれば、外務省や野党の反応が必要であった。いずれにせよ、番組の構成が曖昧なために、中途半端な情報という印象。
〔表現〕2点
機密箇所など取材上の制約があるためか、全体像がよくわからないままに、局所的な映像が続いた。これは、視聴者には不親切だ。テロ対策での多国間協力や、護衛艦と給油艦の関係、何隻行っているかなど、番組の冒頭で、CGなどを使い説明すべきだった。

メディア検証機構は、格付けのほかにも、年に1度、ジャーナリスト・専門家・有識者などを招いたシンポジウムも開催しているが、すべての活動は会員からの会費で成り立っている。むろん、行政機関からも、放送業界からも独立した組織である。客観的な〝検証〟が行われることの少ないテレビ・メディアにとって、また視聴者にとっても、メディア検証機構の活動は大いに意義があるといえるだろう。今後、同種の活動が増えてくることを期待したい。

第2章 テレビは何を映してきたか(1)

それぞれのメディアに、それぞれの歴史がある。写真の歴史が約200年。映画が100年。そして、日本のテレビが50年だ。

半世紀の時間が長いのか短いのかはともかく、テレビは社会や人間を映し続けてきた。数えきれないほどの番組が流れては消えて、現在のテレビに至っている。これまでテレビがどのように歩んできたのかを、本章と次章で概観してみよう。

その際に、テレビ・リテラシーの観点から記しておくべき出来事（事件簿）を挿入していく。テレビが直面する、または陥る危うさの部分も把握しながら、テレビの「これまで」と「現在」を考えたい。

〈1950年代——誕生から成長へ〉

わずか866件の受信契約

日本のテレビの〝放送元年〟は、1953（昭和28）年。2月1日にNHK東京テレビジョンが、続いて8月28日に日本テレビ放送網が放送を開始した。とはいえ、当時は現在のようにテレビが一家に一台、いや、一人に一台という状況ではない。放送が開始されたとき、NHKの受信契約は866件。つまり、日本のテレビ放送は、わずか866台のテレビに向けて電波を送ることからスタートしたことになる。

放送時間も朝、昼、夜の数時間に限られていて、現在のように早朝から深夜まではない。まだVTRという映像記録装置も登場していないから、すべて生放送だった。たとえば、初日の日本テレビは、正力松太郎社長の挨拶、舞踊、歌の祭典などを生放送している。その後も、しばらくは「実況中継」が番組の軸になっていて、中でも野球や相撲といったスポーツ中継は花形番組だった。

ニュースも現在とは形が違っている。NHKでは、ニュースの中心は「パターンニュース」。画面にニュースの内容を伝える文字や写真などを出すスタイルで、一日に2回流された。また、日映新社が制作した、ニュースフィルムによる「日本ニュース」が週に1回、15分間放送された。

　その後、53年8月に、自主取材による「NHK映画ニュース」が始まり、54年6月には、正午、午後7時、午後8時半と一日に3回放送する「NHKニュース」となっていく。

　一方、日本テレビは当初から「NTVニュース」という自社ニュースを制作。フィルム、スライド、図版などを使って、午後零時半から放送した。また、午後7時からは、朝日、読売、毎日の新聞各社が交互にニュースを伝える「三社ニュース」があった。

有料放送と広告放送

放送開始時点で最も注目すべき点は、NHKが視聴者から受信料を受け取る「有料放送」で、日本テレビがスポンサーのCMを入れての「広告放送＝無料放送」だったことだ。これは〝産業としてのテレビ〟という面では、現在に至るまで基本的には変わらない「ビジネス・モデル」となっている。この部分はあとの章でも詳述するが、とても重要な問題である。ちなみに、テレビCMの第一号となったのは、日本テレビで放送初日に流された精工舎の「正午の時報」だった。

　1953年の代表的な番組としては、NHKが「ジェスチャー」、すでにラジオでは放送していた「紅白歌合戦」、初のテレビドラマ「山路の笛」、初の時代劇「半七捕物帳」など。日本テレビでは、民放初の単発ドラマシリーズ「NTV劇場」、民放初の連続ホームドラマ「わが家の日曜日記」、「素人ジャズのど競べ」、「何でもやりまショー」などがある。

正力松太郎が実施した街頭テレビ

スポンサーからの広告費で放送を行い、視聴者には無料で見せることにした日本テレビだが、「1000台にも満たないテレビ受像機で、十分な宣伝になるのか」と、スポンサーからは不安の声が出る。そこで、正力松太郎社長が実施したのが「街頭テレビ」だった。

当時のテレビは、平均的サラリーマンの給料の10倍という高額商品で、誰にでも買えるものではなかった。そこで、新橋、渋谷をはじめ関東エリアの主な駅前広場など55カ所に220台のテレビを設置。無料で開放した。これは正力の「テレビの宣伝価値は、家庭の受像機の数ではなく、見ている人の数」という考え方によるものだ。

街頭テレビは好評で、テレビそのものへの認知を促し、人々の購買意欲を大いに刺激した。「プロレス中継」や「ボクシング中継」を見るために、数千人が足を止めて1台のテレビを十重二十重に取り囲む風景は、テレビという魅力的な娯楽が社会に浸透していくことを予感させた。実際に、放送開始の翌年、54年の受信契約は1万6779件となっていく。

55年から56年にかけての神武景気で、56年には「もはや戦後ではない」の言葉も登場する。

さらに、58年から61年まで続く岩戸景気もあって、日本経済は右肩上がりとなっていった。そんな中で、「三種の神器」と呼ばれた電気洗濯機、冷蔵庫、テレビの人気が高まり、テレビも急速に家庭の中へと入っていく。

このテレビの普及に関しては、特に59年4月10日の「皇太子ご成婚」が大きなジャンピングボードとなった。この年の12月までに受信契約は346万件と増大していく。

放送開始の段階では日本テレビだけだった民放も、55年4月にラジオ東京テレビ（略号はKRテレビ、のちのTBS）、59年2月に日本教育テレビ（略号はNET、のちのテレビ朝日）、同年3月にフジテレビなどが続々と開局。この年、民放テレビ局は全国で38社となった。

日比谷公園に登場した街頭テレビ
（1953年8月）

また、放送局のネットワーク化が始まったのもこの時期で、56年6月には、ラジオ東京テレビ（TBS）、中部日本放送、大阪テレビ（朝日放送）、北海道放送、福岡のRKB毎日放送の5社が、テレビニュースの協定を結ぶ。59年には、ラジオ東京テレビ（TBS）をキー局としてJNN（ジャパン・ニュース・ネットワーク）を結成。他のキー局によるネットワークもスタートしていった。

映画界の危機

一方、テレビが「大衆の娯楽」として成長する過程で、危機感を覚えたのが映画界だった。56年に映画会社各社はテレビへの作品供給を拒否し始め、58年9月以降、日本映画はテレビから姿を消してしまう。

その〝穴埋め〟となったのが、アメリカ製のテレビ映画だ。56年4月の「カウボーイGメン」（KRテレビ）を第一号として、「スーパーマン」（KRテレビ）、「ハイウェイ・パトロール」（NHK）などのヒット作が生まれる。そんな映画界の抵抗をよそにテレビは着実に成長を続け、59年には、ラジオ全体の売り上げが162億円だったのに対して、テレビは238億円と、営業的にもテレビがメディアの王座につくことになった。

この頃の主な番組としては、55年が「私の秘密」（NHK）、「日真名氏飛び出す」（KRテレビ）、56年に「お笑い三人組」「チロリン村とくるみの木」（NHK）、「名犬リンチンチン」（NTV）、「日曜劇場」（KRテレビ）など。57年、「日本の素顔」「きょうの料理」「私だけが知っている」（NHK）、「ダイヤル110番」「ヒッチコック劇場」（NTV）、「名犬ラッシー」（KRテレビ）。

58年に「事件記者」「バス通り裏」（NHK）、「光子の窓」「パパは何でも知っている」（NTV）、「私は貝になりたい」「月光仮面」（KRテレビ）。59年、全局で「皇太子ご成婚パレード中継」、「スター千一夜」（フジ）などである。

〈1960年代――テレビ文化の成立〉

テレビ普及率48・5%に

1960（昭和35）年9月10日に、NHK、NTV、ラジオ東京テレビ（11月には東京放送＝TBSと変更）、朝日放送、読売テレビの五社がカラー放送を開始したことも、テレビの普及を促進させた。

60年代に入ると、番組ソフトとしての米国製テレビ映画はますます需要が大きくなり、61年10月には在京民放四社で実に53本が放送され、全盛期を迎える。これには、61年から62年にかけて、民放の「全日放送」、つまり一日中放送することが始まり、より多くの番組ソフトが必要になったことも影響している。

62年になると、テレビの受信契約がついに1000万件を突破した。普及率は48・5%。これだけテレビが日本の家庭に浸透したことは、その影響力もまた放送開始の頃に比べて格段に大きくなったことを意味する。

この年、ＴＢＳがジャーナリストの田英夫を起用して始めた「ニュースコープ」は、日本初の〝キャスターニュース〟だ。この番組をきっかけに、いわゆる報道番組の強化が始まっていく。

また、同じ62年に「ノンフィクション劇場」（ＮＴＶ）がスタートするが、こちらは民放初のドキュメンタリー枠となった。ＮＨＫでは、57年から「日本の素顔」を放送しており、64年にはそれが「現代の映像」とタイトルが変わり、のちの「ＮＨＫ特集」「ＮＨＫスペシャル」へとつながっていく。

「TBSニュースコープ」の田英夫キャスター（1962年）

「ノンフィクション劇場」の登場は、民放もまた〝ジャーナリズムとしてのテレビ〟を模索し始めたことを表している。

●事件簿①——政治的圧力で放送中止〈65年〉

「ノンフィクション劇場」を舞台に〝放送中止問題〟が起きたのは、65年のことだ。

「南ベトナム海兵大隊戦記　第1部」が5月9日の放送のあと、再放送が予定されていたのだが、橋本登美三郎官房長官の指示で中止となってしまった。2部、3部も同様に中止とされた。番組の中に捕虜の生首が映るシーンがあり、これが「残酷すぎる」と非難されたのだ。

だが、表向きの説明とは別に、この番組を中止したい理由が政府にはあった。この頃は、日本国内におけるベトナム戦争批判および反米感情が高まりつつあった時期だ。政府はこの番組をやり玉にあげることで、それを抑えようとしたといえるだろう。日本テレビは〝みずからの判断〟で放送を中止した。

しかし、この番組を見た一般視聴者からの反響で最も多かったのは、「戦争の醜さ、かっこうの悪さがよくわかった」というものだった。そのため、「局の自主判断」による放送中止の是非が問われることとなった。

衛星中継の開始

テレビのカラー化と共に、この時期のエポックは「衛星中継」の開始だろう。63年11月23日、日米間の衛星中継の実験が行われた。このとき、飛び込んできたのが「ケネディ大統領暗殺」という衝撃的なニュースだ。国内からではなく、海外からリアルタイムで映像・音声が送られてくる時代に入ったことは、事件と共に視聴者を驚かせた。

64年10月には、東京オリンピックが開かれた。女子バレーボールやマラソンなどでの日本人選手の活躍を、飛躍的な普及率となったテレビを通じて多くの人が見たと同時に、その映像は日本から海外へと中継された。

60年代前半の主要番組としては、60年の「安保報道」（全局）、「きょうのニュース」（NHK）、「日日の背信」（フジ）、「ただいま正午・アフタヌーンショー」（NET）。61年、「夢で逢いましょう」「若い季節」（NHK）、「シャボン玉ホリデー」（NTV）、「七人の刑事」（TBS）、「特別機動捜査隊」（NET）。62年、「隠密剣士」（TBS）、「てなもんや三度笠」（朝日放送）など。63年、「花の生涯」（NHK）、「エイトマン」（TBS）、「鉄腕アトム」「鉄人28号」（フジ）。64年には「七人の孫」「ただいま11人」（TBS）、「ミュージックフェア」（フジ）、「木島則夫モーニングショー」（NET）などだ。

ワイドショーとCMのヒット

60年4月に始まった「ただいま正午・アフタヌーンショー」（NET）は、〝ワイドショー〟の第一号だ。その後、64年の「木島則夫モーニングショー」（NET）、68年「お昼のゴールデンショー」（フジ）などが続々と登場してきてワイドショーは定着する。

ワイドショーは、「生放送」というテレビならではの仕組みを使いながら、昼間家庭にいる主婦層に向けての情報と娯楽の提供を目指したものだ。最近は批判の的になることの多いワイドショーだが、本来は極めてテレビ的な番組ソフトだったといえるだろう。

テレビCMにも、ヒットが生まれていた。「なんである、アイデアル」は65年、「レナウン・イエイエ」が67年。ほかにも「ハナマルキ味噌・おかあさーん」、「森永エールチョコレート・大きいことはいいことだ」、そして「丸善石油・オー、モーレツ！」など、60年代後半はテレビCMから多くの流行語が生まれた。これは、テレビ自体の成熟と共に、CMもまたひとつの文化として育ってきたことの証拠でもある。

成熟の高まりは、番組やCMだけではない。64年のJNNに始まったネットワーク体制は、66年のNNN（日本テレビ系）、FNN（フジテレビ系）、70年のANN（テレビ朝日系）と、より充実していった。同じ情報を、同時に、多くの人に伝えるというテレビの機能が、系列による「全国ネット放送」という形で生かされることになる。

この時期、テレビがリアルタイムで伝えた大きな出来事が、たくさん発生している。66年に起きた全日空機の羽田沖墜落事故。「ビートルズ日本公演」は日本テレビで放送され、56・4％の視聴率をマークした。68年、金鱚老事件。69年、東大安田講堂の攻防戦。そして、同年7月には、アポロ11号による月面からの生中継が行われた。

「アポロ11号」のオルドリン宇宙飛行士の月面活動（1969年7月20日）

わずか6年前、アメリカからの中継に目を見張った視聴者は、今度は宇宙からの生放送を体験した。テレビジョンのもともとの意味が「遠くを見ること」だったことを思うと、居ながらにしてはるか月面の出来事を〝目撃〟することを可能にしたテレビという装置は、まさに〝テレビジョン〟を具現化したことになる。

この頃の主な番組は、65年の「11PM」「青春とはなんだ」「踊って歌って大合戦」（NTV）、「オバケのQ太郎」（TBS）、「ジャングル大帝」（フジ）。

66年、「おはなはん」（NHK）、「笑点」（NTV）、「ウルトラマン」（TBS）、「日曜洋画劇場」（NET）。67年、「スパイ大作戦」（フジ）、「インベーダー」（NET）。68年、「巨人の星」（読売テレビ）、「キイハンター」（TBS）、「夜のヒットスタジオ」（フジ）。69年、「コント55号！裏番組をブッ飛ばせ!!」「巨泉・前武ゲバゲバ90分」（NTV）、「8時だヨ！全員集合」「サインはV」（TBS）、「サザエさん」「アタックNo.1」（フジ）など。

事件簿②——田英夫キャスター降板〈67年〉

ベトナム戦争が続いていた67年に、TBSの「ハノイ・田英夫の証言」が政府筋から〝偏向報道〟と強い批判を受けた。この番組は、田キャスターが北爆下のハノイをレポートし、現場から事実に基づいてアメリカの戦争を告発したものだ。しかし、自民党の田中角栄、橋本登美三郎氏などはTBS幹部を激しく非難した。その結果、田キャスターが降板させられただけでなく、TBSはテレビ報道部を解体し、機構改革を実施。243名という大人事異動を行った。

事件簿③——成田反対運動とTBS〈68年〉

68年3月。成田空港開設に反対する農民と機動隊が激しくぶつかっていた時期だ。TBSテレビ報道部のマイクロバスが警察の検問に引っかかった。反対同盟本部で取材中のスタッフに弁当を届けに行く途中だったのだ。このとき、バスの中に反対同盟の依頼で7名を乗せていたのだが、彼らが持っていたプラカードが大問題となる。警察は、このプラカードが反対運動の学生たちにとっては〝凶器〟となることを理由に、任意提出を求めた。これが「報道機関による凶器運搬」とされて、大騒ぎとなったのだ。ＴＢＳは政府から強く非難され、「カメラ・ルポルタージュ　成田24時」は放送中止となった。

〈1970年代――プロダクションの登場〉

モーレツからビューティフルへ

70年代は、大阪万国博覧会で幕を開けた。このイベントは、日本が敗戦から25年で、立派に復興し成長してきたことを、世界にアピールしようとしたものだったといえる。

確かに、日本人は四半世紀にわたって勤勉に働き、経済的な豊かさを手に入れたかに見えた。しかし、当時、その裏では光化学スモッグなど公害問題が目立ち始めていた。また、環境破壊だけでなく、目に見えない心の荒廃も進行していたのではなかったか。

そんなとき、テレビから不思議なメッセージが流れてきた。「モーレツからビューティフルへ」――それは、富士ゼロックスの企業ＣＭだった。何か忘れ物をしていたことに気づかされたような一本だった。

しかも、この70年には、当時の国鉄（現在のJR）が「ディスカバー・ジャパン」というキャンペーンCMを流した。これもまた、日本を再発見するという意味を超えて、「自分を見つめ直す」「自己発見」のニュアンスさえ漂わす秀逸なコピーだった。テレビが〝時代を映す鏡〟だとするならば、まさに戦後の折り返し点としてのこの時期に、無意識にせよ、時代状況を反映する表現がテレビから発信されたことになる。

別に「ディスカバー・ジャパン」の影響ではないが、70年代前半のテレビで目立ったことのひとつに、地方局によるローカルワイドの登場がある。

70年4月、青森放送が「RABニュースレーダー」を開始し、71年4月には四国放送が「おはよう　とくしま」の制作を始めた。ほかにも、現在、北海道地区で夕方の時間帯に圧倒的なシェアを持つ「どさんこワイド212」（札幌テレビ）の先駆けとなるような番組が、各地で誕生したわけだ。

テレビドラマでは、70年「ありがとう」「時間ですよ」、74年「寺内貫太郎一家」など、TBSの〝下町人情物〟が支持された。当時、すでに全国で都会への人口流出による核家族化が進行しており、いわば〝ヴァーチャルな家族愛〟に共感したともいえる。

69年の「アポロ11号月面中継」に象徴されるように、格段に進化した衛星中継技術は、71年の「ニクソン訪中」、72年の「田中角栄首相訪中」、73年「第四次中東戦争」など、多くの歴史的事件をリアルタイムで視聴者に送り続けた。

制作プロダクションの登場

放送局の内部構造にも変化が起きる。それまで放送局は、「番組作り」と「放送」の二つの機能を果たしてきたが、番組制作の一部を外部の制作プロダクションに委ねることが始まったのだ。70年2月、日本最初の番組制作会社としてテレビマンユニオンが誕生した。TBSを退社し、みずから制作者であることを選びなおしたメンバーが結集したものだった。この年に、テレパック、木下恵介プロダクション、日本映像記録センターなどが設立され、それぞれに制作活動を開始する。

70年代前期の代表的番組としては、70年の「遠くへ行きたい」(読売テレビ)、「全日本歌謡選手権」(NTV)、「大岡越前」(TBS)、「あしたのジョー」(フジ)。71年、「天下御免」(NHK)、「スター誕生!」(NTV)、「天皇の世紀」(朝日放送)。72年、「中学生日記」(NHK)、「オーケストラがやって来た」(TBS)、「木枯し紋次郎」(フジ)、「必殺仕掛人」(TBS→テレビ朝日)。73年、「刑事コロンボ」(NHK)、「うわさのチャンネル」(NTV)、「ドラえもん」(NTV→テレビ朝日)「それぞれの秋」(TBS)、「ひらけ!ポンキッキ」(フジ)、「非情のライセンス」

（NET）。74年、「ニュースセンター9時」「未来への遺産」（NHK）、「傷だらけの天使」（NTV）、「赤い迷路」（TBS）、「パンチDEデート」（関西テレビ）などだ。

事件簿④――スポンサーの圧力で放送中止〈72年〉

NET（現在のテレビ朝日）の「ドキュメンタリー現代」で、太平洋戦争末期に米軍が撮影したカラー映画「東京大空襲」の放送が中止となったのは、72年3月12日のことだ。翌年4月の改編で、この番組が三井物産の一社提供となることが予定されていたが、公害や戦争を取り上げることは避けたいとする物産側から、NETに要望が出ていたのだ。この番組では、「埼玉べ平連」から出馬して浦和市議となった小沢遼子氏を取材した企画が放送中止となっていた。番組取材途中の3月に、物産側は局に対して「放送するなら、スポンサーを降りる」と放送中止を申し入れてきた。2度に及ぶ〝トラブル〟を踏まえて、NETは「東京大空襲」の放送中止を決めたのだった。

事件簿⑤――NHKらしくない？〈73年〉

73年10月、NHKで、矢沢永吉が率いるロックバンド「キャロル」を追ったドキュメンタリーが放送された。しかし、これはもともと龍村仁ディレクターによって7月に完成していた番組を、内容が「NHKらしくない」という理由から、他のディレクターに手直しさせたものだった。

龍村ディレクターは、翌74年、ATG（アート・シアター・ギルド）と提携して制作する映画「キャロル」を、欠勤届を出したうえで実現しようとしたが、結局は休職処分となった。

さらに同年7月に懲戒免職となり、NHKを出た。

局のメッセージを込めた演出的編成

70年代後期は「編成の時代」ともいわれる。編成とは、どの曜日の、どの時間帯に、どんな内容の番組を放送するかを決めること。編成部は、いわば局の司令塔に当たる。

この時期、通常のレギュラー番組以外に、意欲的なスペシャル編成が多く試みられた。77年にTBSが日本初の3時間ドラマ「海は甦る」を、テレビ朝日はアメリカから「ルーツ」を輸入して放送した。その番組を流すこと自体に、局としてのメッセージを込めた〝演出的編成〟が注目されたのだ。

75年の昭和天皇訪米取材の頃から活用され始めたのが、ENG（エレクトリック・ニュース・ギャザリング）と呼ばれる小型電子機器による取材システムだ。これによって、テレビ取材の機動性は抜群に向上した。

また、夕方のローカルニュースを作る地方局や、プロダクションの制作能力も飛躍的に伸びることになった。機器などのハードの進化が、番組というソフトの中身に、いい意味で影響を与えた例である。

事件簿⑥——公害摘発ニュースの放送中止〈75年〉

75年11月11日、福岡のテレビ西日本（フジテレビ系）で、公害摘発のニュースが放送中止となった。内容は、福岡のニビシ醤油古賀工場と本社が、汚水を垂れ流した疑いで家宅捜索を受けたことを取材したものだ。編集も終わった段階でありながら、スポンサーからの圧力を受けて放送しなかったのだ。この事件は、福岡の他の放送局、RKB毎日や福岡放送でも流されることはなかった。

ドラマ全盛の時代

この時期には、ドラマの秀作がたくさん生まれている。75年に放送された「俺たちの旅」（NTV）に登場する若者たちは、現在でいうフリーターとして働きながら、自分のやりたいことを探し続ける。若い層の支持を得て、このあと「俺たちの朝」、「俺たちの祭」とシリーズ化されていく。

日本初の3時間テレビドラマ「海は甦る」（TBS、1977年）

同年、倉本聰脚本、萩原健一主演の「前略おふくろ様」（NTV）。76年の山田太一脚本、鶴田浩二主演の「男たちの旅路」（NHK）。これらのドラマは、高度成長期とは違ったヒーロー像を描いていた。

76年は、「ドキュメンタリードラマ」が開花した年だ。二つのジャンルを融合させた演出手法によって、日本の近代史、現代史を舞台とした〝実録ドラマ〟が多く作られた。「明治の群像―海に火輪を」「シーメンス事件―検事小原直回顧録から」（NHK）、広田弘毅を描いた「落日燃ゆ」（テレビ朝日）、二・二六事件で倒れた大蔵大臣を主人公にした「燃えよ！ ダルマ大臣・高橋是清伝」（フジ）などがある。

これらの集大成として、翌77年に放送されたのが、先に述べた3時間ドラマ「海は甦る」（TBS）だ。主人公は日本海軍の父ともいわれる軍人・山本権兵衛。出演／仲代達矢・吉永小百合ほか、原作／江藤淳、脚本／長尾広生、演出／今野勉、プロデュース／萩元晴彦・近藤久也、制作／テレビマンユニオン・TBS、代理店／電通、スポンサー／日立。この作品は、制作会社が放送局にとって強力なパートナーであることを示した意欲作だった。

70年代後期の代表的番組は、75年の「テレビ三面記事　ウィークエンダー」（NTV）、「まんが日本昔ばなし」（TBS）、「欽ちゃんのドンとやってみよう」（フジ）、「独占！男の時間」（テレビ東京）。76年、「クイズダービー」（TBS）、「徹子の部屋」（テレビ朝日）。77年、「アメリカ横断ウルトラクイズ」（NTV）、「岸辺のアルバム」（TBS）。

78年、「歴史への招待」「ウルトラアイ」（NHK）、「24時間テレビ　愛は地球を救う」「熱中時代」（NTV）、「ザ・ベストテン」（TBS）、「暴れん坊将軍」（テレビ朝日）。79年、「クイズ100人に聞きました」「3年B組金八先生」（TBS）、「花王名人劇場」（フジ）、「西部警察」（テレビ朝日）などだ。

第3章 テレビは何を映してきたか(2)

〈1980年代——笑いと報道の時代〉

「全員集合」から「ひょうきん族」へ

79年末の第二次オイルショックの影響のままに、日本は80年代に突入した。この経済的事件は、成長を続ける経済、一億総中流といった意識から覚めて、市民が「生き方」とか「生きがい」について見つめ直すきっかけとなった。

80年代前半のテレビ界の最大の特色は、「笑い」にあった。牽引《けんいん》したのはフジテレビだ。80年に「笑ってる場合ですよ!」を、正午から1時間放送。これが、2年後に「笑っていいとも!」に進化して大ヒットする。

関西テレビが「花王名人劇場」の枠で、「激突! 漫才新幹線」を放送したのが80年1月。漫才は「マンザイ」となって、ツー・ビートやセント・ルイスなどの人気者を生んでいった。この「マンザイブーム」はあまり長く続かなかったが、視聴者が新しい「お笑い」を求めていることは、81年にスタートしたフジの「オレたちひょうきん族」ではっきりと証明された。

「マンザイブーム」の火付け役、ビートたけしとビートきよし

「オレたちひょうきん族」は、裏番組だった「8時だヨ！全員集合」（TBS）を抜きには語れない。当時、圧倒的な人気を誇る「全員集合」の存在があり、その計算され、練り上げられた「笑い」へのアンチテーゼとして「ひょうきん族」があったからだ。

「全員集合」の作り方が完成されたアナログ形式なら、「ひょうきん族」は極めて感覚的な、いわばデジタルな笑いを視聴者に提供してみせたといえる。初期の頃は〝横綱〟だった「全員集合」に及ばなかったが、やがてこの新しいタイプの笑いが「全員集合」を番組終了にまで追い込んでいく。この時期に登場したビートたけし、明石家さんま、タモリの三人は、20年以上を経て、今もなお、第一線にいる。

報道番組も見せ方しだい

この時期、バラエティ以外では、大型報道番組がゴールデンタイムに編成されたことが目立つ。NTV「TV EYE」、TBS「報道特集」、テレビ朝日「いま世界は」などだ。報道番組もまた、内容や見せ方で、十分に魅力的なソフトとなることがわかってきた。

また、いわゆる報道番組とは一線を画すが、異色の〝報道エンタテインメント〟が82年に登場した。NTV「久米宏のTVスクランブル」である。出演は、それまでTBSのアナウンサーとしてラジオ番組で認知度を上げ、「ザ・ベストテン」「ぴったし！カン・カン」などの司会を務めていた久米宏と、漫才の横山やすしだ。

この二人が組んで、政治や経済や社会問題を生放送で料理するというかなりトライアルな企画だったが、大きな成果をあげた。のちに久米宏は、この時の制作会社オフィス・トゥー・ワンのスタッフたちと共に、「ニュースステーション」の立ち上げへと向かうことになる。

また、いわゆる「情報系番組」と呼ばれるジャンルの先駆者ともなった「そこが知りたい」(TBS)も82年にスタートしている。

ドラマでは、83年に最終回で45・3％という驚異的な高視聴率を出した「積木くずし・親と子の200日戦争」（TBS）。東京近郊に暮らす団塊世代の夫婦の群像劇「金曜日の妻たちへ」（TBS）。これは「金妻」と愛称で呼ばれるほどにヒットしたが、ドラマの中で展開される恋愛模様からファッション、住居、街までが、一種の〝情報〟として発信されていたことが特色だ。のちの〝トレンディ・ドラマ〟への道を開いたともいえる。

このように83年のドラマはTBSを軸に展開されていた。ほかにも〝大映テレビ調〟という言葉さえ生んだ「スチュワーデス物語」や、山田太一脚本の「ふぞろいの林檎たち」もTBSだった。

この頃、ほかに主な番組としては、80年の「シルクロード」（NHK）、「池中玄太80キロ」（NTV）、「コスモス（宇宙）」（テレビ朝日）。81年、「日本の条件」「クイズ面白ゼミナール」（NHK）、「思い出づくり」（TBS）、「北の国から」（フジ）。

82年、「生命潮流」（NTV）、「淋しいのはお前だけじゃない」（TBS）、「君は海を見たか」（フジ）。

83年、「おしん」（NHK）、「世界まるごとHOWマッチ」（毎日放送）、「オールナイト・フジ」（フジ）。84年、「山河燃ゆ」（NHK）、「昨日、悲別で」（NTV）、「くれない族の反乱」（TBS）、「オレゴンから愛」（フジ）などがある。

事件簿⑦――演出という名の「やらせ」〈82年〉

82年8月、日本テレビで前年11月に放送された「木曜スペシャル～元寇700年　海底に眠る蒙古軍船の謎を探す!」のスタッフが、当時、元寇船の碇石に似せた石柱を海に沈めていたことが発覚した。

地元の漁師が発見したこの石の表面には文字も刻まれていたが、それはスタッフが石工業者に発注して作ったものだとわかったのだ。日本テレビ側は「石に貝殻がつく様子や、潮流の変化を調査するためだった」と弁明したが、「石に文字まで刻まないはずだ」と反論を受け、結局、予定していた第2弾の制作を中止することになった。

「ニュースステーション」の成功

80年代後半は、経済的にはのちに「バブル時代」と呼ばれる好景気の時期に当たる。円高差益をきっかけに、海外旅行やブランド品の購入が当たり前のような風潮が蔓延《まんえん》し、地価も激しく高騰した。

85年に放送を開始した「ニュースステーション」は、偶然ではあるが国内外で事件、事故、政変などが続く中で〝夜のニュースショー〟として定着していく。85年の日航ジャンボ機墜落事故。86年にはフィリピン政変、三原山噴火、ダイアナ妃来日。88年、リクルート疑惑。89年の昭和天皇崩御、天安門事件、ベルリンの壁崩壊。テレビを通じて誰もが世界の動きを知り、それがまた世界の情勢を動かす、という構造ができつつあった。

87年、TBS「関口宏のサンデーモーニング」。同年、テレビ朝日「朝まで生テレビ」。89年には「サンデープロジェクト」（テレビ朝日）も登場する。これら、一連の報道番組を支えたのが、SNG（サテライト・ニュース・ギャザリング）と呼ばれた民間の通信衛星を使った新しい中継システムだ。

かつてのENG同様、放送技術の進歩が新しい番組を応援する形になった。この時期は、トータルで見ると、一種「報道の時代」だったともいえるだろう。

「ニューメディア」という言葉が現われたのもこの時期だった。87年に、日本初の都市型CATV（ケーブル・テレビ）として多摩ケーブルネットワークが誕生。翌88年にはNHK衛星放送の受信世帯が100万を超え、89年に本放送を開始した。このような多メディア・多チャンネル化は、89年のJ-SAT1号、スーパーバードA号の打ち上げでますます進むことになる。

80年代後半の主要番組は、85年の「澪つくし」（NHK）、「天才たけしの元気が出るテレビ!」（NTV）、「夕やけニャンニャン」（フジ）。86年、「大黄河」（NHK）、「世界ふしぎ発見!」「男女7人夏物語」（TBS）、「な・ま・い・き盛り」（フジ）。87年、「巨泉のこんなモノいらない」（NTV）、「ねるとん紅鯨団」（フジ）、「世界の車窓から」（テレビ朝日）。

88年、「クイズ世界はSHOW by ショーバイ!!」（NTV）、「意外とシングルガール」（TBS）、「季節はずれの海岸物語」「君の瞳をタイホする」（フジ）、「ワールド・ビジネス・サテライト」（テレビ東京）。89年、「知ってるつもり?!」（NTV）、「筑紫哲也ニュース23」（TBS）など。

事件簿⑧——「アフタヌーンショー」放送打ち切り〈85年〉

85年10月16日、テレビ朝日「アフタヌーンショー」のディレクターが暴力行為教唆《きょうさ》容疑で逮捕された。これは8月20日、「アフタヌーンショー」で放送された「激写！中学女番長!! セックスリンチ全告白」の中の暴力場面が、番組スタッフから頼まれて実行されたものだったためだ。内容は「やらせ」だったことになる。

10月になって、リンチを加えた少女二人をそそのかした元暴走族の男性が逮捕された際に自供し、明らかになった。テレビ朝日は、10月14日に特別番組「テレビ取材のあり方——暴力事件放送の反省」を放送。田代社長が謝罪したが、最終的には、逮捕された担当ディレクターが懲戒解雇され、「アフタヌーンショー」は18日で放送を打ち切ることになった。

〈1990年代――多様化とデジタル革命〉

湾岸戦争とヴァーチャルリアリティ

90年代の日本は不況と共にあった。テレビ界にとってもその影響は大きく、92年度の決算は各社で減収減益の結果となる。円高、日米貿易摩擦はもちろん、証券・建設業界の不祥事や佐川急便事件などが、社会全体に薄い暗幕をかけたような雰囲気を作っていた。

ある種の閉塞感もあったのだろう。変化を求める有権者の意志の集大成として、93年の総選挙で自民党は敗退し、細川連立政権が生まれた。世界も大きく揺れ始め、90年のドイツ統一、91年に湾岸戦争が勃発し、ソ連では政変が起きた。テレビは、そういった国内外の動向をリアルタイムで伝えていった。

テレビゲームのような湾岸戦争の映像（1991年）

特に湾岸戦争では、視聴者が「戦争をテレビの生中継で見る」という、それまでにない経験をした。イラク軍の基地をピンポイントで攻撃する様子は、テレビゲームの画面に似ていて、現実とヴァーチャルの境界線がなくなっていくかのようだった。

80年代の後半から続いていた多メディア・多チャンネル化の動きは、90年代に入ってより現実のものとなる。90年11月には、日本初の民放による有料衛星放送であるWOWOW（日本衛星放送）が登場。91年4月から本放送を開始した。92年5月、通信衛星によるCS放送も始まった。

90年代前半の代表的番組は、90年の「マジカル頭脳パワー」「夜も一生けんめい」（NTV）、「渡る世間は鬼ばかり」（TBS）、「カノッサの屈辱」（フジ）。91年、「ブロードキャスター」（TBS）、「東京ラブストーリー」「101回目のプロポーズ」「平成教育委員会」（フジ）、「ツインピークス」（WOWOW）。92年、「進め！電波少年」（NTV）、「ずっとあなたが好きだった」（TBS）、「愛という名のもとに」（フジ）、「クレヨンしんちゃん」（テレビ朝日）。

93年、「高校教師」（TBS）、「料理の鉄人」「ひとつ屋根の下」（フジ）、「驚きももの木20世紀」（朝日放送）。94年、「投稿！特ホウ王国」「家なき子」（NTV）、「人間・失格」（TBS）、「警部補・古畑任三郎」（フジ）、「開運！なんでも鑑定団」（テレビ東京）など。

事件簿⑨——あとを絶たない「やらせ」問題〈92年〉
92年7月17日に放送された朝日放送「素敵にドキュメント」で、「やらせ」があったことが

9月に発覚した。外国人男性との刹那的な関係に走る若い女性たちを取材した「追跡！OL・女子大生の性24時」で、外国人男性と一緒にホテルに入っていく女子大生が実はスタッフであり、男性もまた出演を頼まれたアルバイトだったことがわかったのだ。発端は、東京在住の外国人が番組を見ていて、VTRでの英語による会話が不自然だと気づいたこと。それが雑誌「TOKYOジャーナル」に投稿記事として掲載され、一気に話題となった。実際には、制作会社の担当ディレクターが撮りたいと思っていた映像が撮れなかったため、「いつもはこんな光景が展開される」という内容を作ってしまったのだ。9月24日に各マスコミで騒がれると、局側は翌25日の放送で「おわびと訂正」を行い、独自の判断によりこの日で番組を打ち切ってしまった。そのため、放送局と制作会社との関係も問題となった。郵政省（当時）は、朝日放送とネットした各放送局に対して「厳重注意」の行政指導を行い、民放連にも同様の指導をした。

事件簿⑩――「替え玉」収録〈92年〉

同年12月8日に読売テレビの情報トーク番組「どーなるスコープ」で放送された「出張アンケート・看護婦さん大会」。出場した看護婦全員が本物ではなく、看護学校の生徒やOLなどを「替え玉」にしての収録だったことが、18日になって判明した。実際に人集めを行ったプロダクションが看護婦を集められず、やらせに走ったようだ。読売テレビは20日の放送を中止すると共に、この番組の打ち切りを決めた。

事件簿⑪——秘境の落石を演出？〈93年〉

93年2月には、現在もなお代表的「やらせ事件」として名前があがる「ムスタンやらせ問題」が発生した。「NHKスペシャル」の枠で、前年の92年9月に第1部が、10月に第2部が、そして12月に総集編が放送された「奥ヒマラヤ・禁断の王国ムスタン」である。第1部のタイトルが「幻の王城に入る」、第2部のそれが「極限の大地に祈る」だったことからもわかるように、それまで内部を知ることが困難だったムスタン王国にテレビカメラが入り、まさに〝極限の大地〟を取材してきたことが、番組の特色となっていた。放送後の反響も大きく、評価も高いものだった。

しかし、実際には、たくさんの場面が「やらせ」ではないか、と指摘を受けることになった。取材班がたどる行程は車と徒歩が手段。しかも、場所によっては通ることさえ困難だったことが強調されていた。その具体例が、崖の上から落ちてくる岩石であり、歩く道をも消し去ってしまう流砂だ。ところが、この落石はスタッフが落としたものであり、流砂もまた人為的に発生させたものだった。

さらに問題となったのは、かなり標高の高い山地を歩いていたために、スタッフが高山病で倒れてしまう、というシーンだ。苦しげにうめくスタッフに酸素マスクが当てられ、皆が心配そうに取り囲んでいた。しかし、この高山病そのものがディレクターの指示による〝演技〟だった。当人は、撮影の時点で高山病にかかってはいなかったのだ。

また、映像とナレーションの〝くい違い〟も、たくさん指摘された。たとえば、村人が酒を飲むだけの目的で集まっていた光景を、「雨乞いの儀式」のためと説明したり、実際には雨も降る地域であるにもかかわらず「雨が3カ月以上1滴も降っていない」などと語っていたりした。

全体として、作り手が頭の中に描いた「秘境」のイメージを、何とか映像化しようと無理を重ねたような印象がある。「こうあってほしい自然」「こうあってほしい現地の暮らし」といったものを、映像とナレーションで生み出してしまったようだ。

事件簿⑫——テレビ朝日「椿発言」〈93年〉
この93年には、テレビ朝日「椿発言問題」も起きている。当時の椿貞良・テレビ朝日報道局長が、民放連の「放送番組調査会」の席上で、「非自民政権が生まれるように報道することを指示した」という意味の発言をしたことがわかったのだ。

この時の選挙で成立した非自民政権を指して「田原（総一朗）・久米（宏）連立政権」と語ったとも言われ、自民党は「政治的公平に欠ける行為」だとして、椿局長の証人喚問を行った。椿局長は、問題の発言は「荒唐無稽」であり、「公正・公平を曲げて放送するよう指示を出したことはない」と否定したが、結局は辞職。

この事件によって、政治家がテレビ朝日を含む放送局の報道内容に対して干渉する口実が生まれたこと、また、放送する側が萎縮し、自主規制しかねない雰囲気を生んでしまったことは、ひとつの痛恨事だった。

阪神大震災とオウム事件

95年は、「阪神・淡路大震災」、「オウムサリン事件」と、日本の社会を根底から揺さぶる出来事が起きた年だ。1月17日、阪神・淡路大震災は、死者6308人、家屋損壊10万5564棟という予想もつかない大きな被害を出した。テレビ各局は、当日から災害報道に取り組んだが、結果として「マス・メディア」の限界を含め、様々な課題を残した。

まず、被災地上空を飛ぶ複数のヘリコプターの音が、瓦礫《がれき》の下で助けを求める人の声をかき消し、救出を遅らせる結果となったのではないかということ。また、瓦礫と火災の街で取材する人たちに、被災者の心情や状況への配慮が足りなかったのではないかという問題。さらに、連日、壊滅状態の街の様子をひたすら流し続ける映像が、あたかも「ショー」を見ているかのような錯覚を視聴者に与えたのではないか。それは、当の被災者にとっても実に辛いことだったのではないか、などが問われたのだ。

取材には関西地方の放送局が全力で当たったが、番組自体は相変わらず東京中心に作られ、発信されていた。当事者にとって本当に必要な情報が、テレビからは十分に得られなかったという声も多かった。

一方で、神戸のUHF局であるサンテレビは、被災者が求めていた水、食料、病院、道路などに関する情報を流し続けた。メディアに求められる正確かつ迅速で具体的な情報とは何なのか、それが問われた災害報道だった。

同年3月20日には、東京の営団地下鉄霞ケ関駅で、サリンによる無差別テロ事件が発生した。テロ自体が稀であり、しかも毒ガスが使われたことも日本の犯罪史では異例。さらに死者12人、負傷者5500人という大量の犠牲者も未曽有のことだった。3月22日、警視庁は、それまでに89年の坂本弁護士拉致事件、94年の松本サリン事件などに関して疑惑の対象となっていたオウム真理教の施設を一斉家宅捜査した。

テレビでは連日オウム報道を行ったが、その中には視聴者のカルト集団に対する興味本位な好奇心に迎合した内容や、過剰なオウム真理教幹部の生出演、また人権への配慮の浅さも多く見られ、事件の本質に迫るジャーナリズム本来の機能を十分に発揮していないことが厳しく指摘された。

事件簿⑬――TBS坂本弁護士ビデオ問題〈95年〉

95年から96年にかけて、TBSは「坂本弁護士ビデオ問題」で揺れた。坂本弁護士一家殺害事件に関連して、89年にTBSが坂本弁護士のインタビューテープを放送前にオウム関係者に見せ、その放送を中止していたことが明らかになった。結果的には、この試聴自体が殺害事件を起こすきっかけになったのでは、というものだ。

TBSは外部からこの件を指摘された際、十分な検証もせずに否定し、反論を行った。のちに、事実が明らかになる過程でも、正確な検証や情報の公表を怠った。その結果、そのジャーナリズムとしてのあり方が、社会的批判を受けることになる。この時、筑紫哲也キャスターが番組内で語った「今日、TBSは死んだ」という言葉は、いまだに鮮烈だ。

事件簿⑭――ペルー日本大使公邸人質事件〈96年〉

96年12月17日に起きたペルー日本大使公邸人質事件は、翌年4月に警官隊が突入して終結した。この事件の過程で、テレビ各局は現地へ取材陣を派遣し、連日大使公邸の状況をレポートした。この中で、広島ホームテレビ（テレビ朝日系）の記者が独断で公邸内に潜入。犯人側への取材を行った。これが発覚すると、事件解決や国益の面から、テレビ報道のあり方に対して多くの批判が集まった。

変わらないテレビの影響力

97年4月、消費税が3％から5％に引き上げられた。この春のドラマはＳＭＡＰ一色で、木村拓哉「ギフト」（フジ）、草彅剛「いいひと」（フジ）、香取慎吾「いちばん大切なひと」（ＴＢＳ）が並んだ。

5月には、神戸児童殺傷事件が発生。須磨区で小学6年生の男児の切断された遺体が発見されたが、犯人は中学3年生の男子だった。ここでも、ワイドショー型の報道が目立ち、問題となった。

96年秋、ＣＳデジタル放送の日本におけるトップバッターとしてパーフェクＴＶ！が放送開始。97年末にディレクＴＶもスタートした。98年5月には、パーフェクＴＶ！とＪスカイＢが合併し、「ＳＫＹ　ＰｅｒｆｅｃＴＶ！（スカパー）」が誕生して、7月には170チャンネルを持つ大型プラットフォームとして動き出した。衛星放送時代が第二期に入ったことになる。

99年3月、街にＮＨＫの「おかあさんといっしょ」から生まれた大ヒット曲「だんご3兄弟」

のメロディが流れる中、写真誌でのコメントに端を発した野村沙知代と浅香光代のけんかが「サッチー・ミッチー対決」として、連日ワイドショーを賑わせた。

秋には、夜11時台で好評だった「笑う犬の生活」（フジ）がゴールデンタイムに進出。かつてフジテレビが得意だったコント番組の復活だった。また、ドラマでは、TBS「ケイゾク」に代表されるような、凝った映像による新しいタッチの番組が登場した。

事件簿⑮——所沢ダイオキシン報道〈99年〉

テレビ朝日「ニュースステーション」の特集で、所沢産の〝葉物野菜〟から高い濃度のダイオキシンが検出された、という報道が行われたのが99年2月。放送のあと、所沢産の農作物が店頭から姿を消す騒動が起きたが、最終的には「誤解を招く表現があった」として久米宏キャスターが謝罪することになった。

90年代後半の代表的番組は、95年の「映像の世紀」「大地の子」（NHK）、「愛していると言ってくれ」（TBS）、「王様のレストラン」（フジ）。96年、「ふたりっ子」（NHK）、「進め！電波少年（猿岩石）」（NTV）、「ロングバケーション」（フジ）。97年、「どっちの料理ショー」（NTV）、「しあわせ家族計画」（TBS）、「ラブジェネレーション」「踊る大捜査線」（フジ）。98年、

「ここがヘンだよ日本人」「聖者の行進」(TBS)、「ショムニ」「GTO」(フジ)、「ポケットモンスター」(テレビ東京)。99年、「ガチンコ!」「ビューティフルライフ」(TBS)、「クイズ$ミリオネア」(フジ)、「ほんパラ!関口堂書店」(テレビ朝日)など。

〈2000年以降――本格的デジタル放送の時代へ〉

BSデジタル放送の苦戦

2000年1月には、TBSのドラマ「ビューティフルライフ」の最終回が視聴率41・3%という驚異的な記録で話題となった。また、9月のシドニーオリンピックでは、女子マラソンの高橋尚子や柔道の田村亮子の金メダルなど見せ場も多く、NHK、民放合わせて膨大な時間の中継を行った。

同年12月、テレビの歴史の中でひとつの転換点になるかもしれない「BSデジタル放送」がスタート。NHK、民放5局、WOWOW、そしてスターチャンネルBSの8局10チャンネルが稼動を始めた。

特色は高画質・高品質と共に、データ放送。さらに、双方向機能によるテレビショッピングや視聴者参加型クイズ番組などに期待が寄せられた。しかし、2003年春に至ってもケーブルテレビを通じて見ている200万世帯を加えた総数が約400万世帯という視聴状況であり、当初の目標「1000日で1000万の加入」とは、大きな隔たりがある。狙いどおりには進んでいない。地上波の4700万世帯と比べると、10分の1以下である。

ここで、民放系のBS日テレ、BS－i、BSフジ、BS朝日、BSジャパンのすべてが、地上波と同じ「無料放送＝広告放送」を選択したことは明記すべきだ。企業がスポンサーとなるには、広告媒体として認知されなければならない。そのための基本は、企業にとっての消費者、つまり視聴者がテレビの前に存在することである。

BSデジタル放送を見るためには、チューナー付きのテレビか、後付け用のチューナーを新たに購入する必要がある。視聴者にとっては、その出費に見合う魅力的な番組コンテンツがなくてはならない。しかし、多くの人に出費を覚悟で加入しようと思わせるだけのものが、現在もなお少ないのだ。

すると、どうなるか。当然だが、加入していない人たちの耳に魅力的な番組が存在しているという評判が届かない。だから、まだ加入する気にならない。加入者が少ないから、企業が広告を出し渋る。制作予算が確保できない。何か流す必要があるから、番組を低予算で作る。予算と手間をかけた地上波を見慣れた視聴者にとっては、あまり魅力的でない番組になる。そして……といった具合にぐるぐると悪循環に陥ってしまうのだ。放送開始から3年目に入ったB

Sデジタル放送だが、現在も苦闘が続いている。

政治のワイドショー化とテロ報道

２００１年夏の参院選は大方の予想どおり自民党の圧勝に終わった。小泉政権発足以来、テレビでは政治がテーマにされない日はないほどだった。国民の目を政治に向けさせるという意味では、大いに功績があったといえる。しかし、一方では「政治のワイドショー化」を心配する声も強い。一部の政治家にテレビが利用されているのではないか、政治の中身にまで関心が至っていないのではないか、といった疑問もある。

当時の「田中真紀子外相VS.外務省」「田中真紀子外相VS.鈴木宗男議員」といった、わかりやすい対立構造による見せ方はワイドショーの得意技だ。しかし、本来報道すべき課題からそれて、登場人物個人への関心を呼ぶことでとどまり、政治の本質を伝え切っていない傾向があった。こうした政治とテレビの関係は、現在も手探りのままの状態だ。

２００１年9月11日、アメリカで「同時多発テロ事件」が起きた。ハイジャックされた旅客機２機が激突した世界貿易センタービルは崩壊し、５０００人もの犠牲者を出した。テレビはその瞬間を世界に伝えたが、それはまるで映画かゲームのワンシーンのようでもあった。結果的に、この事件は視聴者という〝観客〟をも巻き込んだ「劇場型犯罪」の様相を呈した。

このとき、日本のテレビも多くの時間をこの事件の報道に費やし、旅客機がビルに突っ込んでいくシーン、ビルが崩れていくシーンを、数えきれないほど繰り返し放送した。事件から時間が経つにつれ、衝撃的な映像に扇情的なBGMをのせることが多くなり、この未曾有の事件をドラマかイベントのように見せる演出が問題視された。トータルでは、現場映像のインパクトは十二分にあったが、一方で、視聴者がこの事件の背景を自分自身で考えるための「材料」となると、大いに不足していたと言わざるをえない。

なぜ地上波のデジタル化が必要なのか

2002年から2003年へ。地上波デジタル放送の準備が進んできた。だが、2011年のアナログ放送の終了と共に、全国に1億台はあるといわれる現在のテレビ受像機がすべて使えなくなることを含め、あまりに国民に周知徹底ができていない。

そもそも、なぜ地上波のデジタル化が必要なのか。政府があげるデジタル放送の視聴者へのメリットは主に五つある。①ハイビジョンなどの高画質・高音質、②データ放送などの高機能、③通信網との連携による双方向のやり取り、④車の中でも見やすい安定した移動受信、⑤高齢者や障害者にも聞きやすい話速変換、などだ。

世界中の人々をテレビに釘づけにした同時多発テロ事件（2001年9月11日）

ほかにも二点のメリットが語られている。ひとつは、デジタル化の圧縮技術によってテレビが使用する周波数が削減できることから、携帯電話などを含め、電波の利用を増大できる。次に、10年で212兆円の経済波及効果と、711万人の雇用機会が生まれる、というもの。

まるで「いいことづくし」のようだが、視聴者にとって最も問題なのは、2011年にアナログ放送を完全にストップしてしまうことだ。その際、現在のテレビはすべて〝ただの箱〟になるため、視聴者は買い替えを余儀なくされる。これはデジタル化による大きなデメリットだ。

さらに、政府の言うメリットが、実際に視聴者がどれだけ願うものなのか。地上波放送を見るとき、ハイビジョンや双方向であることが必須だとは思えない。それよりも、番組ソフトの〝中身〟にこそ、もっと意識や努力が向けられるべきだ。その意味では、地方局はもちろん、キー局でも、デジタル化のための膨大な予算確保のために、放送事業の核である番組作りの予算が圧迫されている現状は、視聴者にとってすでに大きなマイナスだろう。

「放送のデジタル化」自体の有効性は明らかだ。その方向に進むことも否定しない。ただ、全国で1億台のテレビが使われているほどの普及状態であるアナログ放送を2011年で廃止する決定や、その進め方は、やはり乱暴すぎる。

社会的コンセンサスが不在のまま実施するには、現在のテレビは国民の中にあまりに広く深く浸透している。視聴者＝国民の間での議論や意見交換をもっと行っていく必要があるはずだ。

第4章 テレビのビジネス構造

テレビは、様々な顔を持つ〝多面体〟である。内容的にも、エンターテインメントからジャーナリズムまでが並んでいる。また、テレビは何物かを生み出す「創造の場」であると同時に、利潤が生まれる「ビジネスの場」でもある。

テレビについて、クリエイティブな面だけを見ていても、その本質はわからない。外側からは見えづらい〝産業としてのテレビ〟を理解する必要がある。

広告媒体としてのテレビ

1953（昭和28）年に日本の放送が始まったとき、NHKは視聴者から受信料（当時で200円）を徴収する「有料放送」のシステムを採用した。一方の日本テレビは、スポンサーのCMを流すことで視聴者からは料金を集めない「無料放送＝広告放送」を始めた。当時選択された各々の〝ビジネス・モデル〟は、基本的に現在まで50年間継続されている。

電通「平成14年の日本の広告費」によれば、2002年のテレビ広告費は1兆9531億円。総広告費が5兆7032億円だから、約34％に当たる。

この金額の大部分は、スポンサー企業がテレビ広告、つまりCMを流すために支払うものだ。NHKはともかく、民放を存続させているのは、企業が使う「広告宣伝費」がベースになっているということになる。

企業にとって、広告宣伝情報を伝える手段、つまり「広告媒体」は複数ある。電柱に貼ってある不動産などの貼紙広告もまた立派な広告媒体のひとつだが、主なものは二種類、活字媒体と電波媒体だ。活字媒体の代表は、新聞、雑誌であり、電波媒体ならテレビ、ラジオとなる。この中では、テレビ広告が最も高い費用を必要とする。

では、なぜスポンサー企業は、かつても今も、多額の予算を使ってテレビでCMを流し続けているのか。それは〝広告媒体としてのテレビ〟に、それだけの価値があるからだ。ならば、その価値とは何か。テレビが「同じ情報を、一度に、大量の人に届けることができる」メディアであることだ。最も多く読まれている新聞が一千万部、雑誌ならば数百万部というのが、活字媒体のスケールだ。それに対して、テレビは時間帯にもよるが、全国の数千万人に見てもらうことが可能だ。しかも、一日の中でさえ繰り返し広告が打てる。

それに、たとえば自動車の広告でも、新聞や雑誌に載った写真や文章からその車を想像してもらうより、姿や形から走りまでを動く映像で見せることができるテレビCMのほうが、その〝訴《そ》求《きゅう》力〟は大きい。もっと日常的な食品・飲料や洗剤など家庭用品は、視聴者の目の前で食べたり飲んだり、使ってみたりする映像によって、購買意欲を強く刺激する。たとえ大きな費用がかかっても、企業がテレビCMを流すのは、明らかに効果があるからだ。

CMを見てもらうための仕掛け

ここでの大事なポイントは、本来、企業がテレビの視聴者に見てほしいのはCMなのだということ。CMを見て、その商品を知ってほしい。関心を持ってほしい。できれば店頭で手に取ってほしいし、もちろん買ってほしい。テレビCMが、そんな消費行動のきっかけになればいいと考えている。

しかし、テレビでCMだけを流すわけにはいかない。CMだけが24時間流れるチャンネルがあったらおもしろいが、それは規制されている。また、たとえそれが実現しても、CMだけでは数千万人が同時に見てはくれないだろう。そこで、CMを見てもらうための〝仕掛け〟が必要になる。それが「番組」なのだ。

企業は、お金を出して「番組」を制作する。若い人向けの恋愛ドラマかもしれないし、家族で楽しめるバラエティ番組かもしれない。とにかく、多くの視聴者が見てくれそうな番組を作る。そして、放送する。ただし、番組の頭と終わり、そして番組の中にも数回、CMを挿入する。番組を見てもらうのと同時に、CMも見てもらうのだ。いわば、番組という〝お楽しみ〟を視聴者に無料で提供して〝客寄せ〟をし、CMを見せていることになる。

スポンサー企業は、決して単なる〝好意〟や〝趣味〟でドラマやバラエティを無料で見せてくれているわけではなく、CMの効果を狙って予算を使っているのだ。そこに、〝企業としての放送局〟の存立もかかっている。この基本的事実の認識が、テレビ・リテラシーではとても重要になる。

テレビ広告の方法――タイムとスポット

企業がテレビ広告を打つとき、二つの方法がある。ひとつは「タイム広告」といって、番組を〝提供〟するやり方だ。30分なり1時間なりの番組枠をまさに〝買いきり〟、自社のCMを流す。番組の冒頭にクレジット表示とナレーションが入る。「この番組は○○の提供でお送りします」と。

かつては、ひとつの番組を、ひとつの会社が単独で提供する「一社提供」の番組が圧倒的に多かった。現在でも、松下電器の「水戸黄門」や、日立の「世界ふしぎ発見！」などは一社提供だ。番組の頭と終わり、そして中間と、CMを出せる回数が多いのと、たくさんの視聴者に見てもらえる時間帯を選択できるのが、一社提供の利点である。さらに、内容によっては、企業のイメージをアップすることにもなる。「質の高い番組を提供する良心的企業」とか、「斬新な番組を提供する挑戦的な企業」といった評価だ。

しかし、最近は、複数の企業が共同で、ひとつの番組のスポンサーになる形が増えている。経済の低成長、マイナス成長の時代に入って、巨額の予算を必要とする一社提供が企業の負担になってきたこと、タイム広告の効果そのものへの見直しが始まったこと、などのためだ。2002年には、東芝が数十年の歴史を持つ「東芝日曜劇場」（TBS）の一社提供をやめ、他のスポンサーとの共同提供となった。番組名から東芝の文字も消えた。「サザエさん」（フジ）もまた放送開始時から東芝の単独提供だったが、こちらも半分だけのスポンサーとなった。

もうひとつ、「スポット広告」と呼ばれる形式がある。これは、ひとつの番組が終わり、次の番組が始まるまでの〝すき間〟の時間に、15秒の短いCMを機関銃のように連射するやり方だ。連射といっても、同じCMが流れるわけではなく、各社のスポットCMが次々と画面に登場する。

以前は、放送局の売り上げではタイムがスポットを上回っていたが、現在はスポットがかなりの割合を占めるようになった。電通総研編『情報メディア白書2003』によれば、2001年の番組提供（タイム）とスポットの比率は3対7で、スポットが圧倒的に多い。

それは、企業イメージうんぬんよりも、とにかく何回も繰り返し視聴者の目に触れることが、商品を認知させたり、購買をあおったりするのに効果があると考えられているからだ。物が売れにくい時代ほど、直接的な訴求力を持つスポットに、企業も頼る傾向がある。

視聴者は、ある番組にチャンネルを合わせてタイム広告に触れ、次の番組を待つ間にスポット広告を見せられる。だからこそ、無料で民放のテレビ番組を楽しんでいられる。再度整理すると、〝放送というビジネス〟を支えているのは広告媒体としての価値である。この場合、視聴者と消費者は同義だ。そこでは「番組内容自体の価値」ではなく、「番組が生み出す時間の価値」が問題となる。そのことが、テレビの抱える多くの問題の遠因ともなっているが、詳細は後述する。

番組制作費の流れ

では、ここで、〝放送というビジネス〟をより知るために、ある企業が番組を提供しようとする際の予算の流れを見ていこう。

この場合、企業がいきなり放送局に予算を渡し、一社提供用の番組を作ってほしいと依頼するわけではない。企業の広告宣伝に関しては、広告会社が様々な調整作業を行うからだ。ここで言う広告会社だが、かつては広告代理店という呼び方が一般的だったが、現在は「広告代理業」にとどまらない活動を行っているので広告会社と呼ぶことが多くなった。

まず企業は、広告会社に番組を作る予算を渡す。広告会社はそこから「営業費」などの名目で会社運営のための費用を除き、放送局に手渡す。放送局もまた営業費をキープしたあと、残りの予算を番組制作会社へと渡す。制作会社も同様に営業費を確保したうえで、実際の番組作りに予算を使っていくのだ。

実は、現在放送されている約6割から7割近くの番組に、制作会社が関与している。それは、番組を丸ごと作って放送局に〝納品〟する場合もあれば、放送局と制作会社がスタッフを出し合って、共同で番組を作るなど、様々なケースがある。たとえば、テレビマンユニオンが作る「世界ふしぎ発見！」は前者であり、「ニュースステーション」はオフィス・トゥー・ワンとテレビ朝日報道局の共同制作だ。したがって、放送ビジネスの主な〝登場人物〟は四者。スポンサー企業、広告会社、放送局、そして制作会社である。

年間50億円の予算が必要？

番組制作費の流れを、わかりやすく数値で追ってみる。最初、企業が用意する制作費を10

0とする。100万円とかではなく、あくまでもモデル数値としての100だ。広告会社は受け取った100から営業費をキープするが、その割合は放送局、制作会社も含めて企業秘密。大体15％から25％といったところだ。ここでは、わかりやすくするために一律20％とする。だから、広告会社は20を差し引いてから80を放送局に渡す。放送局も20％、つまり16を営業費として除き、64を制作会社へ。制作会社も20％の12・8を確保し、残りの51・2で番組を作ることになる。

最終的には、実際に番組作りに使える予算は、最初に企業から出た予算の約半分だ。制作会社では、この51・2、約50からスタッフ人件費、出演料、カメラや照明などの技術費、セットや衣装などの美術費、編集や音楽など仕上げのための費用、そして取材費その他を支払っていくのだ。

これで番組はできた。しかし、このままでは放送できない。全国に流すためには、まさに放送するための費用「電波料」というものが別途必要になるからだ。これは、ほぼ制作費と同額といわれている。先ほどの数値だと、同じく100。この100を企業は広告会社に渡す。広告会社は、また20をキープして80を放送局に渡すのだが、今度はキー局はじめ全国の系列地方局に分けていくのである。それによって、全国放送が可能になる。つまり、電波料は制作会社にはまったく入ってこない。番組の中身には無関係な予算なのだ。

番組制作費の流れ

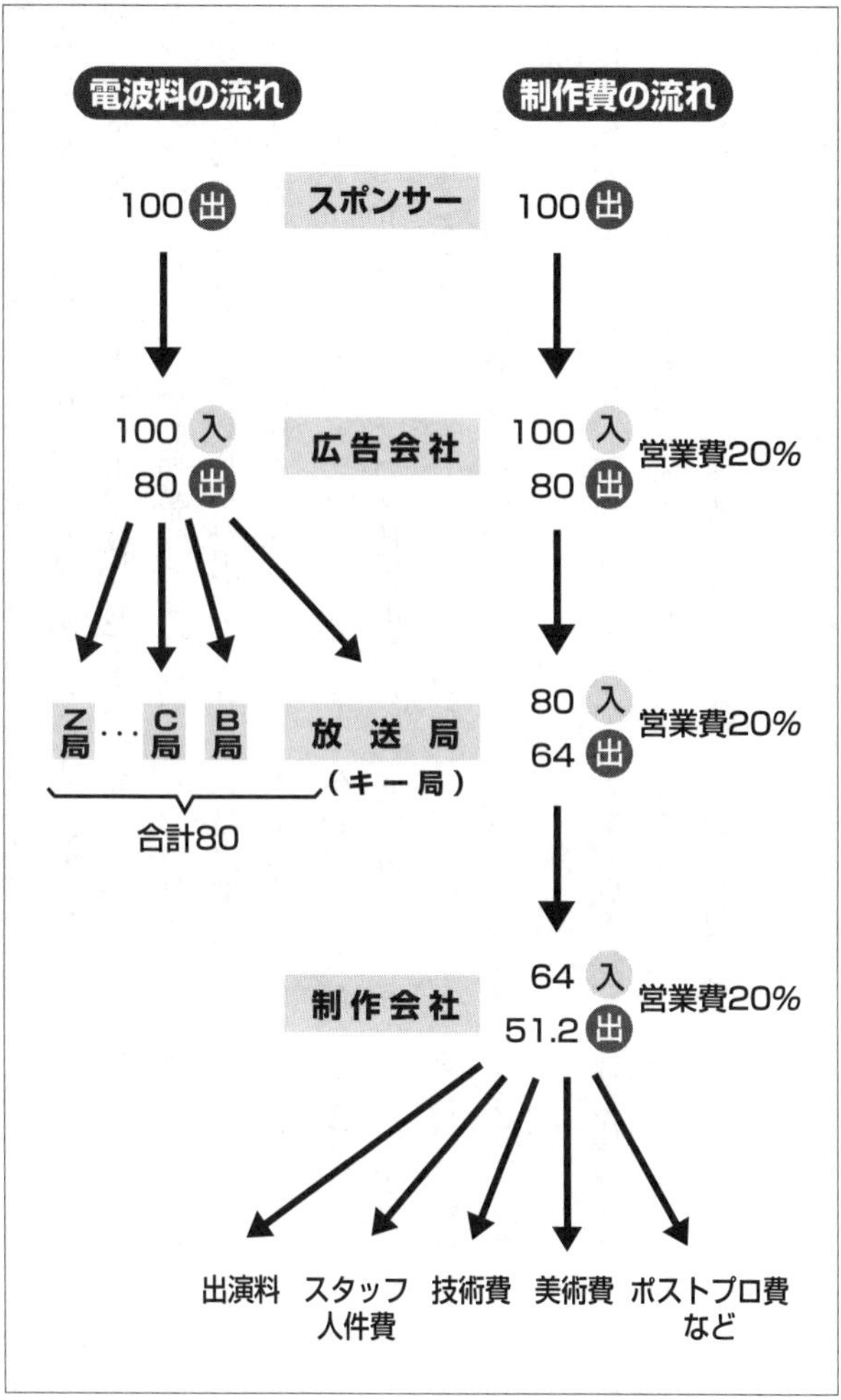
電波料の流れ
制作費の流れ
100 出
スポンサー
100 出
100 入
80 出
広告会社
100 入
80 出
営業費20%
Z局…C局 B局
放送局
（キー局）
合計80
80 入
64 出
営業費20%
制作会社
64 入
51.2 出
営業費20%
出演料
スタッフ人件費
技術費
美術費
ポストプロ費など

結局、企業は「番組を作って、流す」という二つの行為のために、100＋100で200を用意し、番組作り自体に使われるのはその4分の1、50ということになる。

制作費は、番組の長さや時間帯、放送局によって異なるが、ゴールデンタイムと呼ばれる夜の7時から10時という〝いい時間帯〟であれば、ドラマ以外の1時間番組で2000万円から3000万円。ドラマだと3000万円から4000万円はかかる。

たとえば、笑って見ていられるバラエティも、一本平均2500万円だとして、企業はその4倍の1億円を出している。レギュラー番組として毎週放送すれば、1年で50本。つまり50億円を投下することになる。一本の一社提供番組に年間50億円というのが多いか少ないかは、考え方、見方によるだろう。しかし、どんな企業にとっても少なからぬ金額だ。ぜひ番組が多くの人に見られ、同時にCMも見られ、商品が売れるなり、企業イメージがアップするなりの効果を願うだろう。

関係する広告会社、放送局、制作会社にとっても番組の成否は、会社全体の売り上げに影響する。もしも番組が当たれば、制作・放送が何年も続くかもしれない。レギュラーという安定収入は絶対確保したいものだ。まずは、番組の成立、次に番組の継続を狙うことになる。

テレビ制作にかかわるヒト・モノ

画家が絵を描くとき、絵具とキャンバスがあればいい。小説家が仕事をするなら、原稿用紙とペンがあればいい。では、テレビ番組の制作者には何が必要か。

まず、カメラをはじめとする撮影機材、マイクなどの音声機材は必須だ。最近は、街の電気店で買えるビデオカメラを使って、取材者自身がカメラを回す「ビデオジャーナリスト」の活躍も増えてきた。しかし、多くの番組制作の現場では、プロのカメラマンやオーディオマンが、プロ用機材を使って収録を行う。放送局には技術部門があるが、多くの制作会社は技術職の人材や機材を持たない。そこで、番組作りの際には、技術スタッフや機材を、予算を使って確保する。カメラマンだけの会社や、機材を貸し出す専門会社が存在しているのだ。

たとえば、ロケに出るとする。機材一式と、カメラマン、カメラアシスタント、オーディオマン、ビデオエンジニアといった技術スタッフに参加してもらうだけで、一日に何十万円もの費用が派生する。これに、ディレクター、演出助手、それにレポーターなどが加わるわけで、全員が機材と共に移動するにはロケバスもレンタルしなくてはならない。ましてや、これがドラマだったらスタッフの人数も膨れ上がり、俳優の出演料も必要だ。ドラマで、なおかつ海外ロケとなれば、その予算は膨大なものになる。

収録したあとも、ポスト・プロダクションと呼ばれる編集作業、効果音や音楽やナレーションを入れる仕上げの作業が待っている。これまた、編集マン、効果マン、音声の調整を専門とするミキサーなどのスタッフと、作業を行うスタジオが必要だ。このように、テレビ番組を作るには、大きな費用がかかるものなのだ。

「放送する」ことはいかにして決定されるのか

先ほどの例にあげた小説家であれば、原稿用紙とペンは自前で用意し、書き上げた作品を出版社に渡し、それが本という〝商品〟にするだけの価値があれば、出版してもらえるだろう。作品は日の目を見ることになる。

だが、テレビは違う。番組を〝作品〟と呼ぶならば、作品を生み出すこと自体に大きな費用がかかってしまう。まず自前で作って、〝発表の場〟あるいは〝買い手〟としての放送局やスポンサーをあとから探すということが、かなり困難なのだ。結局、番組を作るには、それが「放送される」という前提が必要になる。放送することが決まれば、作るための予算が確保される。そうでなければ、作り始めることはできないのだ。

では、「放送する」ことは、いかにして決定されるのか。それは、前述の登場人物四者、つまりスポンサー企業、広告会社、放送局、制作会社の〝合意〟があったときだ。企業の宣伝セクション、広告会社の番組企画部門、スポンサーに対応する営業部門、放送局を担当する部門、放送局の編成、営業、制作の各部門と、それぞれの社内で複数のセクションが関与する。そこに所属する多くの人間がかかわっている。そうした関係セクションと関係者の〝総意〟が、ある企画にOKを出さないと番組は成立しないのだ。ゴールデンタイム1時間のレギュラー番組ならば年間50億円が動くのだから、ある意味では当然かもしれない。

ならば、この〝合意〟はどこから生まれるのか。もちろん、その番組の内容が、作って放送するだけの価値を持つ「創造物」であることは大切だ。しかし、それ以上に、巨額の予算をかけるだけの「広告媒体としての価値」を求められる。つまり、一人でも多くの人に見てもらうこと、見てもらえる内容であることが必要とされるのだ。そのわかりやすい目安、尺度として、どれだけの人に見てもらえたかを測定する「視聴率」が登場する。この視聴率については、次章で詳しく述べるが、作る前の企画段階では、「視聴率が取れそうなもの」が、四者の合意を得られる最大のポイントとなっていく。

高い視聴率を取る番組とは、多くの人が見てくれる、受け入れられる番組ということだ。若い人だけ、子供だけ、高齢者だけという具合に、ある年齢層の視聴者だけに支持されるものではいけない。都会に住む人、地方に住む人の一方だけに受け入れられるものもだめ。関東だけ、関西だけと限定された地域だけで好評でもよくない。年齢、性別、職業、収入、地域などに関係なく、幅広い層に歓迎される番組こそが高視聴率に結び付くと考えられているからだ。

そうなると、企画段階で、あまり前衛的なもの、先進的なもの、マイナーなもの、重いもの、暗いもの、難しいものなどは排除されていく。最終的には、多くの人に愛される人気者が出演するとか、極めてわかりやすい（見たことのあるような）内容とか、最大公約数的な無難な企画が浮上してくる。

よく聞くテレビ批判のひとつに、どのチャンネルを見ても、同じような番組に、同じようなタレントが出ていてつまらない、というものがある。もし、そう感じるのであれば、前記のようなプロセスを経て決定した企画である可能性が高い。他局とまったく違う内容で低視聴率より、他局と似ていても高視聴率であるほうを選択するのがテレビなのだ。

「創造」と「ビジネス」のジレンマ

ここで、少し整理してみよう。第一のポイントは、放送というものが独自のシステムを必要とする表現活動であり、「創造行為」であるということ。第二点は、創造行為であると同時に、大きな予算が動く「ビジネス行為」でもあるということだ。作り手の論理だけでは、作ること自体が困難な現実がある。

「企画」を一本の「番組」として成立させるには、たくさんの会社、セクション、関係者の間での「合意」が必要になる。ゴールデンタイム（午後7時～10時）、プライムタイム（午後7時～11時）といった広告媒体としての価値が高い時間帯の番組内容については、特に全関係者が納得していなければならない。そこでは、視聴率が大きな判断材料となっている。作る前であれば、視聴率が取れそうな要素が求められる。それは、たとえば人気タレントの出演だったりする。

以上を勘案すると、番組作りとは実に不自由な創造行為だといえそうだ。しかし、内容も予算も作り手の自由にさえなれば、すばらしいものができ上がるかというと、そう単純ではない。まさに、そこが創造することのおもしろさと難しさだ。放送する枠、予算、想定する視聴者層など、様々な制限があるのは自明のこと。そのうえで、作り手は必死で企画を考え、新たな手法を試み、オリジナリティあふれる創造物を生み出そうとする。それがプロフェッショナルの仕事だからだ。

しかし、本来、「創造」と「ビジネス」はテレビという車の両輪であるはず。両輪であるからには、どちらかが大きすぎたら車はまっすぐ走れない。双方のバランスが大事になってくる。双方の発展・成長が求められている。見る人に受け入れられないようなひとりよがりの創造はテレビには不向きだが、すべての時間がビジネスばかりを狙って放送されているテレビもまた不幸だ。

確かに放送局はひとつの民間企業であり、利潤追求は企業の大きな目的ではある。しかし、もともと放送という事業自体が、その「公共性」ゆえに国の許認可事業であり、誰でも勝手に行えるものではないという事実がある。そういう意味では、自由競争ではなく、限られた会社のみに許された特殊なビジネスなのだ。

東京にあってキー局と呼ばれる民放は、日本テレビ、TBS、フジテレビ、テレビ朝日、テレビ東京の五社のみ。他のジャンルで、わずか五社に独占されている産業などない。法律に守られ、競うべきライバルがたった四社という寡占《かせん》状態にあぐらをかいて、利潤追求に偏った企業活動を行うことは許されないのだ。

「プロの視聴者」「アグレッシブな視聴者」になるために

もしも、放送局や実際に番組を作っている制作会社がビジネスのために暴走し、「視聴率のためなら何をしてもいいのか」と思えるような非常識な内容の番組を放送したときはどうしたらいいのか。そこでは、「作り手・送り手」がみずからを律する思想も哲学も、自浄作用さえ機能していないのだから、「受け取り手」側が行動するしかない。

放送局に意見を書いた手紙を送ったり、抗議の電話をかけたりする。放送局のホームページに投稿する。新聞の投書欄に意見を寄せる。それらもいいだろう。しかし、実際にはあまり有効ではない。

放送産業を成立させているのが企業の広告宣伝費であることは、これまで述べてきたとおりだ。確かに民放のテレビを無料で見てはいるが、企業は広告宣伝費を含む必要経費を計算に入れて商品の値段を設定している。視聴者＝消費者であるなら、日常生活の中で番組制作費も電波料も、それと意識せずに支払っていることになる。テレビ広告費は年間約2兆円だから、全国4700万世帯で割れば約4万円。間接的とはいえ、年額4万円を負担しているのが視聴者なのである。困った番組をスポンサードする企業に対して、直接意見を投げてみる権利は十分にある。

ただし、その場合、単なる感情的な意見や、批判のための批判ではなく、きちんとした「批評」であるべきだ。いい点、悪いと思われる点と同時に、改善への提案までしていく。企業としても、ユーザーの真摯《しんし》な声を無視することはできないはずだ。

文学、音楽、映画など様々なジャンルの文化において、批評が存在する。批評には、文化を育て、進化させる効果がある。テレビもまたひとつの文化であるならば、拮抗すべき批評が存在していなくてはならない。むろん、放送批評、テレビ批評のプロフェッショナルはいるが、視聴者もまた「プロの視聴者」「アグレッシブな視聴者」として、テレビ文化を育てる批評家となってほしい。

第5章 視聴率は魔物か

第4章で明らかにしたように、テレビはひとつの巨大な「ビジネスの場」である。視聴者がなにげなく見る番組の裏では、放送局同士の熾烈《しれつ》な競争が行われている。それは一般企業にとってテレビが重要な広告媒体だからであり、放送局は企業が支払う広告宣伝費で経営が成り立っているからだ。そこでは、企業のテレビCMが、いかに多くの人に見られているかが常に問題となり、それを測る尺度となっているのが視聴率である。

視聴率主義の元祖、フジテレビ

かつて、視聴率はブラウン管の向こう側、送り手側におけるビジネス・ツールのひとつにすぎなかった。それが、現在のように一般の視聴者の間でもポピュラーになったのは、80年代にテレビ界を独走していたフジテレビが元となっている。後述するように、視聴率には、夜のいい時間帯であるゴールデンタイム、プライムタイム、そして朝から夜まで一日の視聴率である全日と、主に三つがある。放送局が横に並ぶ中で、三種類の視聴率のすべてが一位だった場合、これを「視聴率三冠王」と呼び始めたのがフジだったのだ。それは、視聴者や企業に対する「これだけ見られている放送局」というアピールであり、内部のスタッフを鼓舞するための檄《げき》でもあった。

やがて、日常的に新聞や雑誌でも高視聴率番組が紹介され、低視聴率番組が存続の危機にあることが書かれるようになった。また、テレビが問題を起こした際に、それが視聴率獲得のためだと言われ、「視聴率至上主義」が糾弾されることも多くなった。こうして、いつの間にか視聴率という言葉は一般化し、現在に至っている。

だが、その数字によって番組の存在さえ左右されるというのに、視聴率の実態となると、あまり知られていない。知られていないのに影響力は大きい。そんな視聴率というものの〝核心〟に迫りたい。

視聴率調査の歴史

視聴率をひと言で説明すれば、テレビ番組やコマーシャルが「どれくらいの世帯や人に見られたか」という視聴の〝量〟の大きさを示す、ひとつの尺度にすぎない。大事な点は、そこでは番組内容の〝質〟や、その番組自体が持つ〝価値〟などを直接表すものではないということだ。視聴率を測定する調査も、いわゆる世論調査と同様、あくまでもサンプルを抽出しての標本調査である。

日本で最初の視聴率調査は、NHKが1953年の9月から10月にかけて行った。これは「面接法」というもので、一週間のすべての番組について直接回答を得るものだ。当時は視聴率ではなく、「受け入れ率」と呼ばれていた。まさに、どんな番組がどれくらい、視聴者に受け入れられたかの数値だったわけだ。

その後は、民放局や広告会社が調査を始めたが、方法は電話や「日記式」などの〝配布回収法〟で、本人による記入だった。その上、これらは、○（完全視聴）、×（視ていない）、△（部分視聴）といった記号を用いた簡単なものだった。

本来、民放局や広告会社は番組の提供スポンサーに対して、その広告宣伝効果をわかりやすい形で説明し、納得してもらう必要がある。その代表が「これだけの人に見てもらっています」という視聴率なのだ。

テレビの普及が進み、マスな宣伝媒体としての価値を高めていくにつれて、電話でのヒアリングや、先方の自主的な記入に任せる日記式などの調査方法では不十分となる。もっと科学的、客観的な広告効果の測定指標が求められるようになったのだ。

１９６１年、アメリカのニールセン社に依頼して、日本で初めての機械式調査が始まった。翌62年には、〝国産の視聴率調査会社〟としてのビデオリサーチが創設される。ここでは、日本で開発された視聴率測定機「ビデオメータ」が使われた。放送局の発信する周波数を自動的に感知して、どの局を視聴しているのかを機械によって認識する「メータ式調査」。データも、それまでは測定が不可能だった一分単位の視聴率まで読み取れるようになり、ＣＭが挿入される時点の視聴率も明らかになった。前の週の一週間分の視聴データが、翌週の金曜日には発表されるようになった。

１９７６年頃には、社会の情報化と共に、視聴率調査もますます速報性が求められるようになる。この年、前の日に放送されたすべての番組の視聴率を、翌日に契約者へ報告する「オンラインサービス」が開始された。また同時に、ひとつの家庭の複数のテレビの視聴率、ＶＴＲ録画率、再生率の調査なども行われるようになった。

１９８７年になると、新たな指標として「視聴質」という考えが広告主の側から求められた。これは、視聴率という量的な尺度に対して番組の質的な評価の指標として提起された。その定義は確立されていないが、一般的には誰が見ているか（視聴者構成）、どのように見ているか（ながら視聴など）、番組の内容はどうだったか（番組内容評価）、ＣＭの内容表現はどうだったか（ＣＭの質）の四つに分類される。

また、この頃から、より正確な視聴状態を知るための「ピープルメータ（PM）」による調査がアメリカで行われ始めたが、日本での導入は、その10年後のことだった。現在では、地上波テレビのデジタル化に向けて、「デジタル対応メータ」の開発が進められている。

世帯視聴率と個人視聴率

視聴率には、「世帯視聴率」と「個人視聴率」の二つがある。世帯視聴率は、テレビ所有世帯のうち、どれくらいの世帯がテレビを〝つけていたか〟を示す割合だ。つまり、テレビをつけていた世帯のうち、どの時間に、どこの局の、どんな番組に、どれくらいの世帯がチャンネルを合わせていたか、を表す数字だ。

個人視聴率は、「どのような人が、どれくらいテレビを視聴したか」を示す割合である。視聴者を、性別、年齢別、職業別などに分けて、どれくらい見ていたかを知ろうとするとき利用される。対象となるのは、地上波放送、アナログBS放送、CS放送、CATVの放送だ。VTRの録画・再生やゲーム、パソコンなどは視聴率には含まれない。

視聴率調査の三つの方法

視聴率調査の方法には三つある。ひとつは「ピープルメータ（PM）」によって、世帯視聴率と個人視聴率の両方を同時に調査する方法だ。ビデオリサーチでは関東地区で1997年3月31日から、関西地区で2001年4月2日から正式導入。世界的にはアメリカをはじめ約40カ国で利用されている。

個人の視聴登録はプリセットリモコンかPM表示器を使って、テレビの見始めと終わりにボタン入力してもらう。PM表示器は、テレビの上もしくは横に置き、個人のボタンの入力状況を光るイラストボタンで表示する機械だ。ボタンの押し忘れを防ぐために警報装置（ランプ&アラーム）を内蔵している。テレビの電源がOFFの場合は時計のみを表示している。調査対象は4歳以上の世帯内個人全員だ。

メモリーされたデータは、毎朝、自動ダイヤルによって収集される。データは通信回線を利用して、ビデオリサーチのコンピュータセンターに転送される。

世帯視聴率、個人視聴率ともに最小単位は1分だ。この毎分視聴率をもとに世帯や年齢区分ごとの番組視聴率を算出する。

次に、電子情報サービスを使って、テレビ局や広告会社、広告主などの契約者に前日の視聴率が送られる。その際、世帯視聴率だけは視聴率日報という印刷物となって、配達される。個人視聴率は電子情報サービスだけで印刷はされない。普通、マスコミなどで伝えられる視聴率は、関東地区の世帯視聴率を指す。

二つ目は、「オンラインメータ」による視聴率調査だ。複数のテレビにそれぞれ接続されたメディアセンサーからオンラインメータに無配線でデータが転送され、一日の視聴状況が記録される。メモリーされたデータは、毎日、早朝に自動ダイヤルによって収集される。データは通信回線を利用してコンピュータセンターに転送される。視聴率の単位はやはり一分。それら毎分視聴率をもとに番組視聴率や時間区分視聴率を計算する。前日の視聴率は、テレビ局や広告会社、広告主などにFAXやオンラインなどで送られる。前日の視聴率は、視聴率日報として印刷され、配達される。

第三は、日記式アンケートによる視聴率調査。調査員によって調査票が届けられ、対象者（4歳以上の個人会員）はテレビの視聴状況を毎日記入する。視聴記録はテレビごとに、個人単位で五分刻み1週間継続して実施。調査員が訪問して1週間分の視聴記録を回収。専用の入力機器（デジタイザー）でデータ入力。視聴記録をペンタッチすることで、自動的にパソコンにデータが入力される。日記式個人視聴率の単位は五分。その五分ごとの視聴率をもとに番組視聴率などを計算する。個人視聴率報告書として、調査から1カ月後に発行される。

サンプリングはどのように行われているか

現在、日本で視聴率調査を行っているのは、ビデオリサーチ一社のみ。大手の民放局と広告会社を大株主に持つこの会社が発表する数字が、業界人を一喜一憂させているのだ。世帯視聴率調査地区は全国27地区、6250世帯で実施されている。調査対象世帯数は関東地区、関西地区で各600世帯。名古屋250、それ以外は200世帯だ。

サンプリングはどのように行われているか。関東地区のサンプル数は600だが、まず、国勢調査の世帯数データをもとに調査エリア内の総世帯数を求める。関東地区は2002年の国勢調査によれば1607万3000世帯。この数を調査対象世帯数の600で割ると、16073,000÷600＝26,788これがインターバルとなる。

乱数表を使って2万6788よりも小さな数字をひとつ選んで、スタートナンバーとする。この数字が一番目の対象世帯となる。以下、スタートナンバーにインターバルを加算していき、選ばれる世帯の番号を決める。あとは、これらの世帯に調査協力の依頼をしていくわけだ。

対象世帯の〝任期〟は、関東、関西で2年間。他の地区では3年間だ。調査対象である600世帯のうち、毎月25世帯（600÷24ヵ月）を入れ替え、2年間ですべての対象世帯が入れ替わるようになっている。サンプルの固定化を防ぐためだ。

標本誤差問題

ここにひとつ、つい見落としがちな問題がある。視聴率調査は、公共機関やマスコミが行ういわゆる世論調査と同じで、経理統計論に基づいた標本調査だ。したがって、視聴率には統計上の誤差、標本誤差が生じる。世帯視聴率10%で、プラスマイナス2・4%、20%でプラスマイナス3・3%だ。

もし仮りに、4倍の2400がサンプルならば、誤差は1・2%になる。サンプル数は多いほど精度は増すが、標本誤差を半分にするためにかかる費用は4倍ということになる。「誤差範囲と費用対効果から考えると、現行の規模が妥当である」というのが、調査会社の考えだ。

この標本誤差は、視聴率が話題にされる際に、あまり語られることはない。だが、あるドラマが20%だとは言っても、実際には23・3%かもしれないし、16・7%かもしれないのだ。「数字がひとり歩きする」という言い方があるが、番組存続のカギを握る視聴率も、決して絶対的なものではないことを認識する必要があるだろう。

視聴率の計算方法

世帯視聴率も個人視聴率も、データの最小単位は「毎分視聴率」であり、番組の視聴率を集計するときは、この毎分視聴率をもとに計算する。

よくいわれる「視聴率」とは、世帯視聴率のことを指しているが、たとえば、5世帯を調査対象にしていると仮定した場合、1台でもテレビがONになっていれば、その世帯はテレビを見ているとみなす。たとえば、５世帯中３世帯がテレビを見ていれば、「総世帯視聴率（ＨＵＴ）」は、５分の３で60％だ。

ＰＭ測定器は、家庭内の最高８台までのテレビの視聴状況を測定する。３台のテレビを持つ山田家はＴＶ①がＡ局、ＴＶ②もＡ局、ＴＶ③はＯＦＦ。その場合、山田家（世帯）としてみるとＡ局のカウントは１となる。鈴木家は２台あって、ＴＶ①がＢ局、ＴＶ②がＣ局。カウントはＢ、Ｃ共に１カウント。佐藤家には２台あって、どちらもＯＦＦ。田中家は１台でＡ。伊東家も１台でＯＦＦ。この場合、各局の視聴率はＡ局／５分の２で40％、Ｂ局／５分の１で20％、Ｃ局／５分の１で20％となる。

「どのような人がどれくらいテレビを視聴したか」を示す個人視聴率も、毎分視聴率が最小単位となっている。「全員の中でどれくらいの人が視聴しているのか」が知りたいときは個人全体の計算方法、「特定の人の中でどれくらい視聴しているのか」が知りたいときは性別、年齢別の計算方法を用いる。

番組の平均視聴率も毎分視聴率から計算される。毎分視聴率の和を番組の放送分数で割ったもの、平均したものがそれだ。

また、視聴率からは「何世帯」「何人」が見たかを推定できる。世帯視聴率からは世帯数、個人視聴率からは人数が推定できる。２００２年の調査によれば、関東地区の総世帯数は１６０

視聴率の計算方法

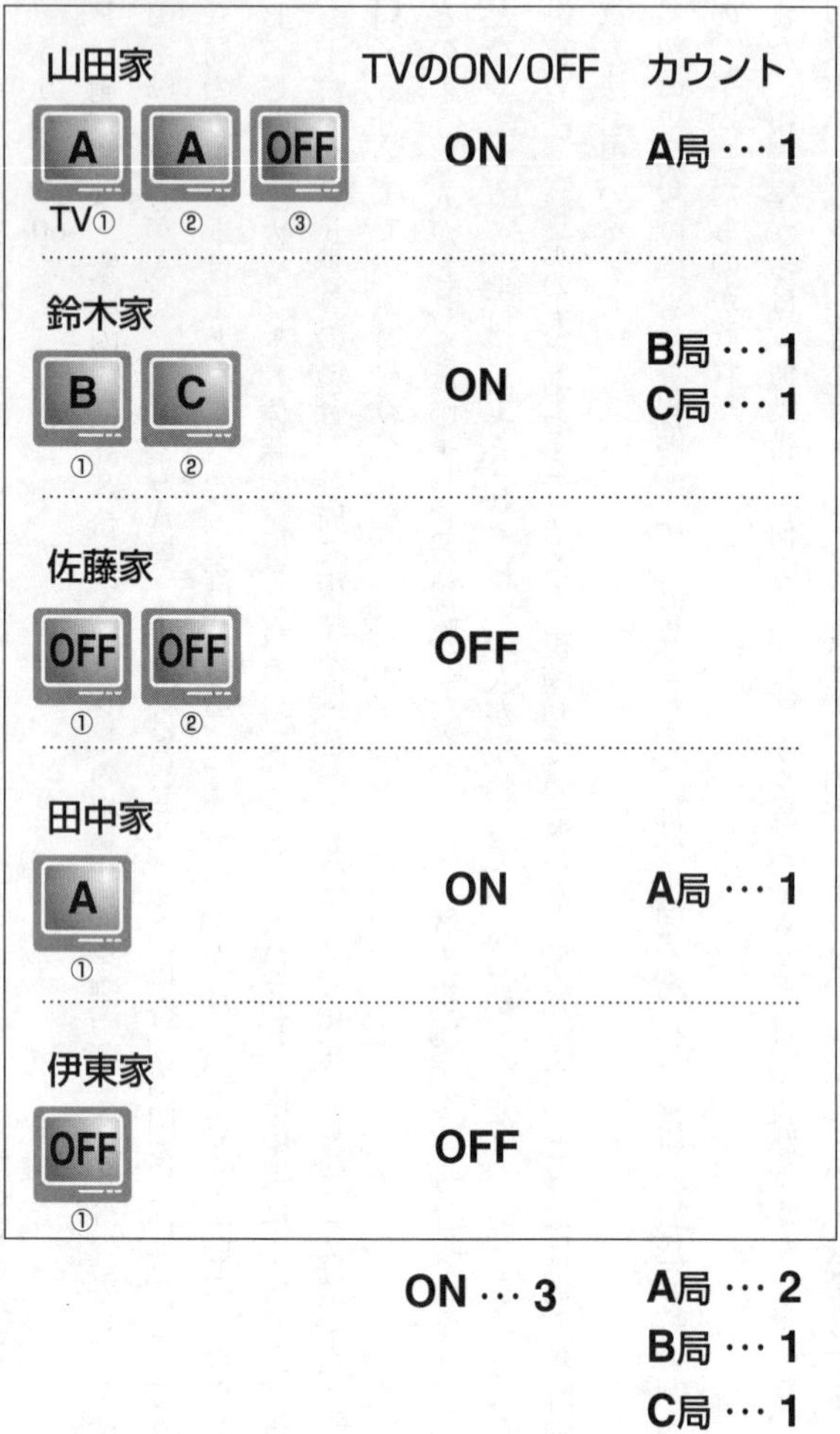
山田家
TVのON/OFF
カウント
A
A
OFF
ON
A局 … 1
TV①
②
③
鈴木家
B
C
ON
B局 … 1
C局 … 1
①
②
佐藤家
OFF
OFF
OFF
①
②
田中家
A
ON
A局 … 1
①
伊東家
OFF
OFF
①
ON … 3
A局 … 2
B局 … 1
C局 … 1

7万3000で、1%は16万7730世帯に相当する。このうち4歳以上の人数は3923万1000人いる。すると、1%は39万2310人に当たる。

三つの視聴率

視聴率には測定する時間帯によって三つがある。ひとつは、「全日（全日平均）」と呼ばれるもので、一日の時間区分別視聴率のうちの6時〜24時までの18時間の平均だ。次が「プライムタイム」。一日のうちの特に視聴者の多い時間であることの多い19時〜23時の時間帯を指す。三つ目が、一般的にも知られている「ゴールデンタイム」だ。これはプライムタイムの19時〜23時の中でも、より視聴者がテレビを見ていると想定される19時〜22時の時間帯の呼び名だ。

「視聴率三冠王」という言葉がある。三冠王は本来野球の用語だ。打率、打点、ホームラン数のすべてでトップに立つことを指す。それを真似て、ゴールデン、プライム、そして全日の三種類の視聴率が同時に一位になることを「視聴率三冠王」という。これを言い出したのは、前述のように80年代初期から93年まで視聴率トップを走っていたフジテレビだ。当時の局舎は河田町にあったが、社内を歩くと「祝！　三冠王」といった文字を大書きした模造紙が目立ったものだ。それは社員を鼓舞するためだったが、「高い視聴率を取ることが善である」という一種の〝価値観〟の表明であり、宣言でもあった。

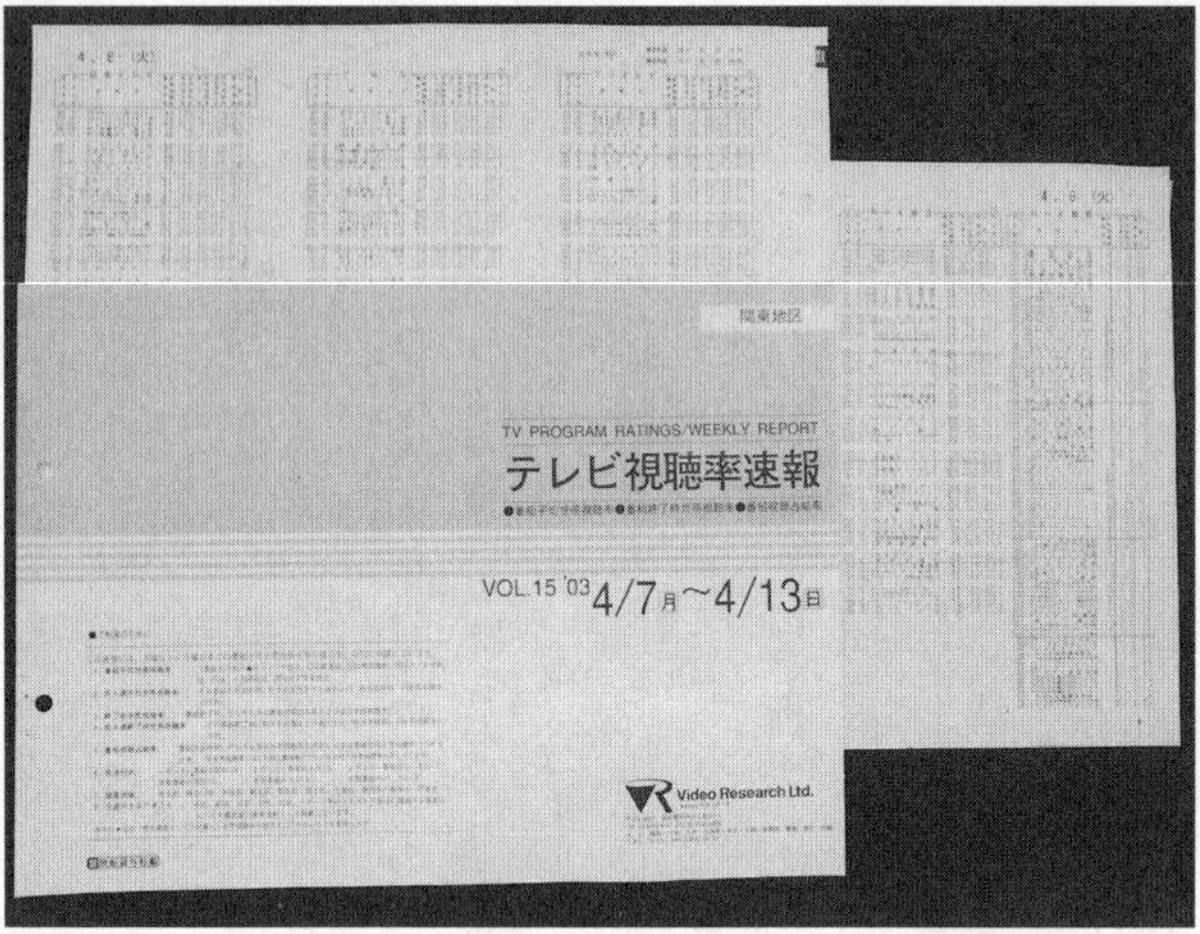

ビデオリサーチ社が発刊する「テレビ視聴率速報」

フジテレビが視聴率で独走する時代が続く中で、もともとはブラウン管の向こう側の〝業界用語〟だった「視聴率」は社会に流布され、浸透していったのだ。

さて、ここからが視聴率の問題点だ。なぜ放送局は視聴率に強い関心を持ち、この数字に一喜一憂するのか。また、なぜ視聴率が低い番組は、たとえ内容の質が評価されていても、内容変更や打ち切りになるのか。放送局にとって、視聴率とはどういう意味を持つのかを明らかにする。

電波料

前章でも述べたように、民放の収入には大きく分けて二つある。ひとつは、番組を制作し、販売することで得る収入。そして、もうひとつが「電波料」と呼ばれるものだ。

電波料は、いわば放送時間をスポンサー企業に売って、その代価として受け取る料金だ。これに含まれるのは、次のようなものだ。まず、〝希少価値〟を持つ電波を、ある一定の時間独占すること。次に、放送することで得られる広告宣伝の効果。そして、ネットワークを含む放送という巨大システムを使う、つまり電波塔を持つ放送局という施設を使うこと。この三つに関する料金が電波料だということになる。

この電波料には二種類ある。番組を提供するスポンサーが番組制作費とは別に、放送局に支払う電波料である「タイム料」と、番組と番組の間に流れる短いCMの電波料である「スポット料」だ。後者のCMを、特に「スポットCM」と呼ぶ。

GRP――延べ視聴率

「GRP」という広告用語がある。「Gross Rating Point（グロス・レイティング・ポイント）」の略で、スポット広告をテレビで流した時、CM一本ずつの視聴率を積算したもので、「延べ視聴率」という意味になる。

たとえば、あるスポンサーが一定期間に100本のスポットCMを打つとする。その100本全部が10％の視聴率を取った場合、GRPは「100×10＝1,000」ということになる。100

本のすべてが20％ならば、２０００ＧＲＰだ。

さて、スポンサー企業から「今度の新製品のスポットＣＭは、２０００ＧＲＰで」という注文があったとする。企業としては、ゴールデンタイムのように多くの人の目に触れやすい時間帯でＣＭを流してほしいが、実際には限られた放送時間の中であり、特定の放送時間だけを指定することはできない。朝や昼間や夜など、バラバラな時間に散らして放送することになる。

スポットＣＭを流す時間帯の平均視聴率がＡ局の場合は20％だとする。注文を受けた２０００ＧＲＰを達成するためには１００本のスポットを流せばいい。一方、Ｂ局は平均視聴率が10％。すると、２０００ＧＲＰのためには２００本ものスポットを打つ必要がある。Ａ局の２倍の本数だ。もしも１００本で済んでいれば、残りの１００本分の〝時間〟は、別のスポンサーに売ることができたはずだ。放送局というのは、24時間という限られた〝時間〟を売って商売をしているので、これは営業的に（つまり会社としての存続に）とても大きな問題となる。

午後7時から10時までをゴールデンタイム、午後7時から11時までの4時間をプライムタイムと呼ぶ。それは、多くの人がテレビを見てくれるこれらの時間帯は「広告媒体としてのテレビ」という意味では一番価値の高い場所といえる。同じ料金を支払うのならば、スポンサーとしてはこのよい時間帯に1本でも多くＣＭを打ちたいと思う。しかし、当然ながら時間には限りがあるのでそうはいかない。スポットＣＭは、放送が行われている早朝から深夜まで、ほぼ丸一日のあちらこちらに分散されることになる。

そうなると、ゴールデンやプライムといった表通りの目立つ場所の視聴率だけでなく、横丁みたいな早朝から午前2時、3時まで、できれば一日中どこでも高い視聴率であってほしい、ということになる。1％でも高い視聴率を獲得することが、直接、会社の利益に結び付いているのが放送局なのだ。〝ビジネスとしてのテレビ〟という意味では、現在のテレビは「視聴率至上主義」というより「GRP至上主義」といえるのかもしれない。

とはいえ、どこの放送局も、持っている時間は1日24時間しかない。スポットCMは、打てば打つほど利益が上がるわけだが、放送時間には限りがある。

それを、利益を優先するあまり無茶というか無理をしたのが、97年に福岡放送（NTV系）や北陸放送（TBS系）、99年に静岡第一テレビ（NTV系）で発覚した「スポットCM間引き事件」だ。広告会社を通じて企業から依頼されたスポットCMを、枠がいっぱいで放送できないにもかかわらず、料金を受け取っていたというもの。ビジネスとしての放送が陥った大問題だった。

視聴率調査への批判

テレビ放送が始まって2年後の1955年頃、横浜などの小、中学校でプロレスごっこにより死傷者が出る事故が続いた。これにより、テレビが児童の言語や行動に与える影響が問題視されるようになった。翌年、テレビ批判は評論家の大宅壮一の「一億総白痴化」という言葉に集約されていく。

やがて、テレビが普及していくと共に様々な批判が提示されていく。視聴時間の増加と家族対話の喪失、ひとり視聴のこと、番組内容の画一性、暴力描写・性描写などが、子供に悪い影響を与えるというものだ。それらをまとめて「テレビ罪悪論」という識者も現れた。もちろん逆批判もあって、「暴力シーンが、そのまま短絡的に少年非行に結び付くものではない」とか、「テレビは単なる道具であって、道具の使い方はそれを使う親や個人の責任である」といった意見が出された。

そんな中で、視聴率の「諸悪の根源」論は、テレビに対する活字メディアからの格好の攻撃材料となった。また、「視聴率の高低だけで、番組を評価していいのか」、「番組の質を指数化できないのか」が問われ、番組評価の調査が求められた。現在、テレビ朝日が行っている「リサーチQ」（インターネットを使ったテレビ番組についての調査）などは、その試みのひとつだといっていい。しかし、「視聴質」の〝測定〟となると、いまだ視聴率に拮抗しうるようなものは登場していない。

95年の「地下鉄サリン事件」でも、まるでそれがひとつの「ショー番組」であるかのように、連日刺激的な演出によって視聴者に伝えられたため、視聴率のためになら何でもやるのかという「視聴率至上主義」批判が巻き起こった。

デジタル化、多チャンネル化の時代に入り、視聴率は大きく二つの問題に直面する。ひとつは技術的な側面で、デジタル化した場合、割り当てられる周波数帯が従来のものとは大きく異なるため、現行の視聴率測定機では視聴チャンネルの測定ができなくなること。欧米では、視聴番組の識別のために、テレビの画面上に映っている画像そのものを識別する「ピクチャー・マッチング」や、番組にごく微弱な信号を入れ、これを識別する「オーディオ・マッチング」などの技術が開発されている。

二番目の問題は、多チャンネル化が進めば、増えたチャンネル局数だけ「視聴の選択機会が増える」わけだから、当然一局当たりの番組視聴率はその分小さくなる。極端な例でいえば、最も視聴率の高い番組でも10％以下だったりする可能性があるということだ。測定される番組の視聴率の大半が5％以下といった事態になったときは、視聴率の高低をうんぬんすること自体、あまり意味がなくなってしまうかもしれない。

現在でも、視聴者が地上波の10分の1でしかないBSデジタル放送では、視聴率調査が行われていない。調査を行うだけの「広告媒体としての価値」が認められていないからだ。視聴率とは違った〝評価基準〟〝付加価値〟の設定が求められている。

視聴率をどうとらえるか

ここまでの説明で、放送局も企業であり、存続のためには利益を上げなければならず、それには高い視聴率を取っていくことが必要、といった図式は理解されたと思う。もちろん、そうしたビジネス面だけでなく、マス・メディアという「場」における創造行為という面でも、「高視聴率＝たくさんの人に見てもらう」ことが、単純に悪いわけではない。

問題は、高い視聴率を得るために、反社会的な行為をしたり、倫理（放送倫理だけでなく人間としての）に欠ける作り方をしたりすることなのだ。テレビというメディアが社会や視聴者に与える影響を軽んじた内容に走ることが問題なだけだ。「視聴率のためなら何をやってもいい」などと単純に考えているテレビマンはそうそういないと思うし、思いたい。

しかし、一方には、目標の視聴率に届かず、番組がなくなるという現実がある。たかが視聴率とはいえ、この数字で番組作りのチャンスを失うことになるのだ。逆に、経営者の意識、哲学にもよるが、高い視聴率を獲得する制作者が評価され、組織内で力を持ち、ポジションも上がっていくということもある。

田原総一朗さんが「番組を存続させうるだけの視聴率は必要だ」という意味のことをおっしゃったことがある。テレビビジネスの構造を熟知したうえで、視聴率を理由に番組を潰されないために必要最小限の数字を取る努力はするが、取りすぎる必要はないし、そのための無理はしないし、迎合・妥協もしない、と。目標視聴率は、局、枠、内容などによって違うから、一様に考えるわけにはいかないが、こうしたいい意味の「したたかさ」「プロ意識」は大事だろう。

繰り返すが、高視聴率を目指すことが問題なのではない。経営側も現場も、視聴率という〝一神教〟に陥るのが危険だということだ。

「たかが視聴率、されど視聴率」という現実の中で、作り手がテレビをどうとらえ、どこに軸足を置き、いかに身を処し、番組を送り出しているのか。視聴者もしっかりと見つめていく時代になっている。

第二部

実践編——テレビ番組を作る

第6章「ドキュメンタリー」を制作する(1)——企画・構成

テレビ番組は、どのように作られているのだろうか。実際にその作業を行っているのは、普通、放送局の制作部門か制作会社に属している人たちだ。もちろん、番組内容や環境によってプロセスは多少異なるが、第二部では制作の基本を押さえたい。どうやって番組制作を行っているのかを知ることで、テレビから送られてくる映像や情報を、批評的に受け取ることができるようになるはずだ。

また、できれば、これをガイドとして実際に映像を作ってみてほしい。制作プロセスをみずから体験することで、テレビもしくは映像の特性がよくわかってくるし、それがテレビに対する深い理解へと通じている。

ここでは制作の実例として、「ドキュメンタリー」を取り上げてみる。ドキュメンタリーは、番組作り、映像作りの原点のようなものだからだ。

テレビ番組の四つのジャンルと三つの作り方

ドキュメンタリーとは何か。その前に、そもそも番組には、どんな種類があるのだろうか。〝ジャンル〟で見ると、大きく四つに分けられる。「報道番組」「教養番組」「スポーツ番組」「娯楽番組」である。「報道番組」には、ニュース番組、報道ドキュメント、討論番組などが入る。「教養番組」としては、ドキュメンタリー番組、歴史番組、語学番組などがある。「スポーツ番組」というと、スポーツ中継、スポーツニュースなどだろう。バラエティ番組、クイズ番組、音楽番組、ドラマなどが「娯楽番組」だ。

しかし、現在のテレビでは、報道ドキュメンタリーやドキュメンタリードラマなど、縦割りのジャンルを超えた内容の番組がたくさん存在するのも事実だ。

もうひとつ、番組の〝作り方〟によって分けることも可能だ。こちらは大きく三種類がある。「生中継番組」は、スタジオ以外の場所からリアルタイムで生放送を行うもの。「スタジオ収録番組」は、スタジオでVTR収録したあと、それを編集して放送される。また、「VTR番組」になると、カメラが外で撮影した映像を、さらに構成・編集したうえで放送する。これら三つだ。通常、制作方法というものは、放送する内容に最もふさわしい形を選択することになる。

ドキュメンタリーの定義

このように、ドキュメンタリーは「教養番組」の一種であり、また、作り方で言えば、「VTR番組」が多い。内容としては、ドラマなどのフィクション（虚構）とは一線を画す。なぜなら、現実、事実にカメラを向けて作っていくからだ。

ドキュメンタリーの定義ということになると、百人が百通りの考え方をするだろうが、私自身はドキュメンタリーを次のようにとらえている。「ドキュメンタリーとは、みずからテーマを設定し、取材を進めながら、事実の中にある真実を探っていく、そのプロセスそのものである」。

真実というのも難しい言葉であり概念だが、ここを「実相」や「本当のところ」としても構わない。要するに、「それって何？」「どうなってるの？」「ホントはどんなふう？」といった社会や人間に対する疑問、興味、好奇心、探究心などを起爆剤として、ややオーバーに言えば「世界を読み解こうとする試み」がドキュメンタリーだということになる。

第2、3章で見てきたように、これまで様々なタイプのドキュメンタリーが作られてきた。元祖ともいえるＮＨＫの「日本の素顔」は１９５７年に放送が始まり、64年に「現代の映像」とタイトルが変わるまで３００本以上も制作された。その流れはやがて「ＮＨＫ特集」を経て、現在の「NHKスペシャル」へと至っている。

「現代の映像」の第一回が「新興宗教」で、その後は「政治テロ」「靖国神社」「競輪」など社会的なテーマが並ぶ。あるものは「社会の矛盾」を暴き、告発するという役割も果たしてきた。これらは社会問題をテーマの中心にする「社会型」ドキュメンタリーだといえる。

62年に、民放のドキュメンタリー枠第一号として開始された、日本テレビの「ノンフィクション劇場」。ここでは、プロデューサーである牛山純一さんという伝説的ドキュメンタリストが作った「老人と鷹」が、カンヌ・テレビ映画祭でグランプリを受けたり、大島渚監督による在日韓国人の傷痍《しょうい》軍人を追った「忘れられた皇軍」といった秀作が生まれたりした。扱うテーマは社会現象、社会問題というより「人間」そのものに収斂《しゅうれん》していたのが特色だ。視聴者は、その人物を通じて、今、自分たちが生きている時代、世界を知ることになる。いわば「人物型」ドキュメンタリーと呼べるだろう。

TBSが66年に始めた「現代の主役」や、テレビ東京が92年から7年半にわたって放送してきた「ドキュメンタリー人間劇場」、現在NHKが制作している「にんげんドキュメント」なども、この「人物型」に当たる。

「社会型」「人物型」のほかには、「自然型」というものがある。テレビ朝日の「ネイチャリング・スペシャル」やNHKの「生きもの地球紀行」などがそれだ。

そして、四番目のタイプとして、物や事象を追いかける「情報型」というドキュメンタリーが存在する。これは、一般的には「情報番組」という〝くくり〟の中に吸収されて、かなり量産されてきた。どちらかと言うと、カジュアルなドキュメンタリー、エンタテインメントの要素も持つドキュメンタリーといった性格である。

ドキュメンタリーの三大要素

扱う対象が社会問題であれ、人間であれ、自然であれ、ドキュメンタリーとして成立させるためには、いくつかの大切な要素が必要だ。いわば、「ドキュメンタリー制作の三大要素」である。

①テーマ・題材

何を主題とするのか。何を伝えようとするのか。この「何」の部分と、同時に、それをどんな素材・材料を使ってドキュメンタリーとするのかが重要だ。

②視点

制作者が、そのテーマについて、どう考えているのか。どうとらえているのか。どんなふうに見ているのか。言い換えれば、切り口は何か?

③表現方法・手法

テレビは映像と音声によって伝達するメディアだ。一体、どんなふうに見せるのか。伝えるのか。その表現の仕方が第三のポイントである。どんなによいテーマを、独自の視点で見せようとしても、表現方法が間違っていたり、その表現が不十分だったりすると、視聴者に届かないことがある。

もちろん、この三つのすべてが新しい、またオリジナルであることに越したことはない。しかし、二つ、もしくは三つのうちひとつだけでも真のオリジナリティがあれば、それは十分作るに値するドキュメンタリーだといえるだろう。

ドキュメンタリー制作の流れ

では、ドキュメンタリーの制作はどのように行われているのか。ここでは、一般的な流れを見てみる。

はじめに「企画」ありき。これはドキュメンタリーに限らずすべての番組制作、映像制作に当てはまる。企画からすべてが始まる。何を作りたいのか。何を見せたいのか。簡単に言えば、先ほどの三要素が企画となる。

中でも重要なのがテーマ。まずは、「テーマ」を決定しなくてはならない。何を伝えるかの〝何を〟の部分である。これは普通、プロデューサーやディレクターが発案することが多い。

次の段階は「構成」。つまり、どんな〝要素〟を、どんなふうに並べれば、伝えたいことを理解してもらえるかを考えることだ。具体的には、どんな場面（シーン）が必要で、そのシーンはどんなカットの集合体であるか。画《え》のひとコマひとコマをテレビでは「カット（ショット）」と呼び、各シーンはもちろん、番組全体も、すべてカットの積み重ねで成り立っている。

カットを選び、並べることによって、作り手は「考えていること」「感じていること」を見る人に伝えていく。この構成の作業はディレクターが単独で行ったり、構成作家と呼ばれる専門家と共同で行ったりする。

構成作業をするためには、素材（材料）が必要だ。素材収集のための調査（リサーチ）が、構成と並行して行われる。リサーチはディレクターやAD（アシスタント・ディレクター）が行うだけでなく、リサーチャーという専門家に参加してもらうケースもある。

構成ができたら、「取材」にとりかかる。撮影といってもいいが、必要な映像のカットだけでなく、音声も集めてくる。ディレクターだけではできない作業で、カメラマン、音声担当者の力が必要だし、場合によってはリポーターも同行する。

取材から戻ったら、「編集」に入る。集まった映像や音声を確認したうえで、どう並べていけば、より効果的に視聴者に伝わるかを考えながら作業する。これはディレクター自身が行う場合と、編集者（エディター）という専門家に参加してもらう場合とがある。

編集が終わったら、つながった映像を見て、どこにどんなナレーションや音楽（BGM）、効果音（SE）を入れるかを考える。ナレーション原稿は、ディレクターが書いたり、構成作家が書いたりするが、ナレーションを読むのはナレーターと呼ばれる人かアナウンサーが多い。

こうした流れでドキュメンタリー番組は作られているが、ディレクター一人ではなく、それぞれの専門家が参加していることがわかるはずだ。各担当者が自分の仕事を完全にやり遂げることで、番組はでき上がってゆく。数分のミニ番組から1時間以上のドキュメンタリーまで、基本的な作り方はほとんど変わらない。

企画するということ

「企画」というのは、「さあ、考えるぞ」と言って、腕組みをして机の前に座れば生まれてくるものではない。結局は、日常生活の中での、社会や人間に関する情報をキャッチするアンテナの張り方や、好奇心の強さなどがポイントになる。

実践できることとしては、新聞や本を読んでいて、テレビを見ていて、人と話をしていて、ふっと気になること、おもしろいと感じたこと、疑問に思ったことなどを、とにかく忘れないようにする。これが第一段階だ。新聞や雑誌なら、ここという部分を破り取ってしまう。もしくは手帳や紙にメモだけでも残しておく。とにかく、キーワードだけでもストックすることだ。私自身は、システム手帳に「気になるもののリスト」というページを作り、そこに書き込んだり、記事を貼っておいたりしている。

次に、時々この「気になるもののリスト」をチェックする。時間が経つと、ほとんどのものは、もはやどうでもいいと思えてくる。しかし、中には、それでも「気になる」というものが残ってくるはずだ。それは〝私の企画〟になる可能性がある。

今度は、その〝企画候補〟について集中して考えてみる。自分は、そのことの何が気になるのか、どこに興味を引かれるのか。自分の中に、どうしても「知りたい」「探りたい」という思いがあることを確認できたら、多分それはドキュメンタリーの企画たりうるものなのだ。

次に、その件に関して、自分はどこまでつかんでいるのかを確認することが大事だ。そのための具体的な方法を開陳すると、まず大判のノートを用意する。自分が知っていること、わかっていることを、すべて見開きの左のページに書き出してみる。それは、単語や文章の断片程度かもしれない。加えて、雑誌や新聞などで見つけた記事や写真も並べておく。

右のページには、気になること、これから知りたいこと、おもしろそうだと感じることなどを列挙する。「〇〇ではないか？」といった推論も書いてみる。これは、いわば自分が持っている情報の〝棚おろし〟作業であり、ここからがスタートとなる。

ドキュメンタリーを作るおもしろさは、「探求」と「発見」にあるというのが私の持論である。見開きのノートに書かれた文字の群れは、ドキュメンタリーという〝サーチ&ファインドの旅〟のための地図のようなものだ。どこへたどり着けるのかはわからないが、その地図の中に道筋や目的地のヒントが必ず隠されている。

「追跡！消えた侯爵の謎」の体験から

私の体験のひとつ。１９８７年、現在は廃刊となっている科学雑誌「ＯＭＮＩ（オムニ）」を読んでいて、おもしろい連載にぶつかった。「大東亜科学綺譚」というタイトルで、毎回、近代日本に登場する独創の科学者たちの人生が紹介されていた。著者は、当時はまだ知る人ぞ知る存在だった、作家にして博物学研究家の荒俣宏さんだ。

この連載で、蜂須賀《はちすか》正氏《まさうじ》に出会った。蜂須賀家は、戦国時代の蜂須賀小六を祖先とし、江戸時代までは四国・徳島の殿様の家柄であり、明治以降も侯爵家として栄えた名家だ。そんな家の嫡男である正氏は、父や祖父のような政治家ではなく鳥類研究家となった。昭和初期に、財産を蕩尽《とうじん》するようにして世界中を探索し、ドードーという〝絶滅鳥〟の世界的権威となる。それだけではなく、戦時中の東京上空を自家用飛行機で飛んで大騒ぎになったり、女性問題で大

蜂須賀正氏の自家用飛行機のプロペラを手にした荒俣宏氏

いに物議をかもしたり、とにかく破天荒な人生を送った人物だった。

それほど遠くない過去に、こんなスケールの人物がいたことが愉快で、雑誌の記事を破って手帳に挟んでおいた。そのうち、どうしても正氏の軌跡をたどりたくなりリサーチを始めたが、その人生には謎が多いことがわかってきて、結局は、荒俣さんと共に番組を作ってしまった。フジテレビ「なんてったって好奇心」の枠で放送した、「追跡！消えた侯爵の謎」がそれだ。

その後も、鹿鳴館を作った井上馨《かおる》や、西本願寺の門主にして私設探検隊をシルクロードに送り込んだ大谷光瑞《こうずい》などを取り上げていったが、たまたま目にしたひとつの記事から、数年に及ぶドキュメンタリー・シリーズに発展したという例だ。

テーマ——「伝えたいこと」「訴えたいこと」

「テーマ」とは、ドキュメンタリーなど番組の核となる〝伝えたいこと〟や〝訴えたいこと〟のことである。自分自身にとって、テーマが明確でなかったり、伝えるにたると感じられなかったりすると、でき上がった作品は空疎なものになる。

改まって「テーマを考える」というと、企画同様難しいことのような感じがするが、前述した日常生活の中で感じる「なぜ？」や「どうなってるのか？」といった疑問や好奇心をベースにしていけば、テーマも見えてくるものだ。

初めは、ほんの思いつきかもしれない。「どうなってるんだ？」に発して取材を行う。さらに「なぜ？」に突き当たる。追加取材をする。やがて、テーマが見えてくる、という過程だ。とにかく取材を熱心に行うことで、テーマの中身は深まっていく。

たとえば、テレビマンユニオンにいる是枝裕和ディレクターの例。95年の「幻の光」以来、「ワンダフルライフ」「ディスタンス」といった映画の監督として知られているが、映画監督をする前から、テレビの世界では優秀なドキュメンタリストとして有名だった。

彼は、91年に、フジテレビの深夜にあるドキュメンタリー枠「NONFIX」で、注目すべき2本のドキュメンタリーを作っている。

「しかし……福祉切り捨ての時代に」——自殺した厚生官僚と、生活保護を打ち切られて病死した女性のふたりを追いながら、時代のエアポケットに落ちてしまった人間の声なき声を拾い上げた。

「もう一つの教育——伊那小学校春組の記録」——これは、教科書を使わない小学校として注目された伊那小学校の3年生のあるクラスを、3年にわたって取材したもの。クラスで1頭の仔牛を飼いながら、様々なことを学んでいく子供たちをカメラが静かに見つめ続けた。

これ以降、是枝ディレクターが取り上げてきたテーマには、「公害」「在日韓国人」「部落差別」「エイズ」「記憶障害」などがあり、まるで社会問題を片っ端から扱っていったように見える。しかし、プロデューサーとして一緒に仕事をした実感で言うと、彼はいつも極めて個人的な興味から出発していた。具体的な人物や出来事に関心を持ち、独自に調査・取材を重ねるうちに、それがドキュメンタリーのテーマとなっていった、という具合だ。スタートは個人的な興味であっても、それを懸命に追及していくことで、他者にとっても興味深いもの、普遍的なものに昇華していくのだ。

そして、是枝ドキュメンタリーのよさは、社会的テーマを扱いながら、決して声高な告発型の作り方をしないことだ。じっくりと重ねた取材の中から、私たちが気づかなかったこと、目をそらしていた社会の断面を、静かな語り口で見せてくれる。それは、まさにドキュメンタリーの醍醐味そのものだ。

素材探し――情報の収集

番組作りは料理に似ている。料理で最初にすることは、献立を決めることだ。テーマ選びがこれに当たる。次に、どんな食材があればその料理ができるのかを確認して、買い出しに出かけるはずだ。映像作品を作る材料となる映像や音声のことを「素材」というが、これを探し出すのが難しい。いや、素材に関する「情報」を入手することが難しいのだ。

では、情報はどんなふうにして生まれるのか。答えは簡単。情報は人が生み出している。情報を作り、発信し、伝達し、それを受け取る、これらはすべて人間がすることである。

だが、欲しい情報、知りたい情報があったとして、それを誰が持っているのか、誰が発信しているのか、はじめは皆目わからない。そこで、いわゆる調査、リサーチ段階では、活字情報にあたるところから始めることが多い。活字になっているものは、とりあえず現時点での情報の到達点だ。いまだ活字になっていない地点、いや、さらにその先までテレビ・ドキュメンタリーがたどり着くためには、まず活字になっていることを押さえたうえで進まなくてはならない。

活字になっているものを、ただ単に映像化するにとどまることのないよう、逆に、一度は活字情報をぐっておく必要があるのだ。そこでドキュメンタリストは、時には学生時代の何倍もの勉強をすることになる。

番組作りと資料

81年、駆け出しの新人の頃、戦後の占領期を舞台にしたドキュメンタリー番組「吉田茂とその時代」の制作に参加した。60分ずつ4夜連続という大型のシリーズ企画だ。その制作が始まるとき、吉川《きっかわ》正澄プロデューサーは、私ともう一人のADを呼び、こう言った。

「吉田茂とGHQに関係した本を集めてほしい。ただし、本に線を引いたり破いたりするかもしれないから、図書館の本ではなく、すべて買ってくること。期限は3日間」。

そうして、私たちに封筒を渡してくれた。中には、当時の30万円。吉川Pいわく、「資料費をケチると、いいドキュメンタリーは作れない」。AD二人組は街へ飛び出した。国会図書館、都立中央図書館などでアタリをつけ、書名をひたすら書き抜いた。そして、リュックを背負うと、手分けして神田神保町をはじめ都内の古本屋を駆け回った。

3日後、スタッフが全員集合した会議室に、私たちは買い集めた約200冊の本を運び込んだ。吉川Pはその本を数十冊ずつの山に分け、メンバーの目の前に置いていった。各人が手分けして読み、自分が読んだ本の内容を要約して報告しあうという方式だったのだ。

このときの集中的な資料探しと資料読みの作業は、ほんの一瞬だが、私たちを戦後史専攻の学生のレベルくらいにはしてくれた。

ここで大事なのは、そのジャンルにおける定説と異説のアウトラインをつかむことだ。加えて、キーマンは誰かを知ること。この問題を聞きに行くなら誰、この点について教えてもらうなら誰といったことがわかれば、カメラを回す前の予備取材に動き出せるからだ。ここでどれだけ力を注ぐかが、内容の幅や奥行きを決めると言っていい。つまり、活字情報を踏まえたうえで、番組独自の取材によってどれだけ〝新たな部分〟を視聴者に提示できるかが問題なのだ。

ロケハン——撮影の場所を探す

必要と思われる素材をリストアップしたら、「撮影をする場所」を見たり、「撮影できそうな場所」を探しに出かける。こうした下見や場所探しのことを「ロケーション・ハンティング」、略して「ロケハン」と呼んでいる。

ドキュメンタリーの場合であれば、撮影したい人物に会ったり、出演の許しを得たりすることも、ロケハンの中に含むことがある。

ロケハンの際に注意すべきポイントがいくつかある。まずは、自分が必要と思う素材が撮れるかどうかの確認。もし、撮ることが困難であれば、代わりの人や物、場所などを見つける必要がある。さらに、ロケハン前に考えていたことを確認するだけで満足しないこと。現場で新たな素材を発見しようと努めることが大事だ。

たとえば、ロケハンを念入りにしておかないと、実際のロケーションで困った事態をまねくことがある。ロケハンの際と時間がずれると撮れなかったり、天候によって状況が変わったりするのだ。必ず現場に行って、十分なリサーチやしっかりした交渉を行っておくことが必要だ。

構成——素材の並べ方

「構成」とは、素材をいかに並べるかを考えることだ。ロケハンに行く前にリストアップした素材と、現場に行って見つけた素材を確認しながら、素材一覧を作成する。次に、いくつもの素材をどんなふうに並べたら、テーマをよりうまく伝えられるかを考えて文章化する。これが「構成案」となる。

取材に入る前の構成案作りはテーマを確認し、大体の流れをつかんでおくのが目的だ。この作業の過程で、どんな映像や音が必要なのかを確認する。

取材——放送する側とされる側の立場

構成案ができたら、取材準備に取りかかる。しかし、たとえば誰かを撮影したい場合でも、突然の訪問は非常識だし、拒否されれば撮りたいものも撮れない。まずは取材対象、撮影対象となる人に、事前にお願いしておく必要がある。アポイントメント、つまり約束を取り付けておく。いわゆるアポ取りだ。また、公の場所で撮影する場合には、管理側の許可が必要だ。前述のように、これをロケハンで直接相手に会って済ませておくといい。

その際、注意すべきことがある。まず、相手が組織であれ、個人であれ、何かをお願いする場合には、最初に自己紹介をしっかりするべきだ。自分が、どこの誰であるかを明確に伝える。次に、なぜ、何のために撮影したいのかといった「取材目的」と、どんな撮影なのかという「取材内容」をきちんと説明するよう努める。

当然のことながら、取材や撮影をしたい相手が、必ずしも喜んで応じてくれるとは限らない。単に都合が悪い場合だけでなく、取材されることで自身の名前、顔、職業といった個人情報が公にされることを嫌がる人は多い。プライバシーを視聴者という不特定多数にさらすことに不安を抱くのは自然なことだ。取材対象のそんな気持ちを忖度《そんたく》する必要がある。

また、取材を受けた人が、それによって不利益をこうむる場合もある。放送によって、ネガティブな評判が立ったり、立場が悪くなったりすることもあるのだ。

したがって、嫌がる人に対しての強引な取材を行ってはならない。どうしても取材が必要な場合でも、相手の立場を考えて取材の仕方を工夫するなどの配慮が必要だ。また、どんな場合でもやってはならないことがある。まず、撮影をするために違法行為を行うこと。それに、撮影していないと思わせて、実際には撮ってしまうようなやり方だ。

さらに言えば、取材を受けた人が、一旦撮影されたあとでやはり放送するのはやめてほしいと希望したとき、無理に放送するようなこともやってはならない。また、取材を依頼するときに相手に伝えた「目的」を変えてはいけない。了解を得た使い方だけにすべきだ。

テレビの取材というのは、テレビに出たい人以外にとっては、本来迷惑なものだ。取材に行く側は仕事かもしれないが、相手にとっては違う。「お邪魔します」という気持ちがなければ、カメラは暴力にさえなる。現在、テレビで行われている取材のすべてが、以上のようなことを踏まえているかどうか、心もとない。

テレビを見る側も、カメラが回るまでのプロセスを想像しながら画面と向き合えば、映ってはいない〝何か〟が見えてくるはずだ。

第7章　「ドキュメンタリー」を制作する⑵――取材・撮影

構成案ができて、取材交渉やロケハンも終わった。すると、いよいよ実際の取材・撮影に取りかかる。

もしこれが、テレビではなく、新聞や雑誌といった活字の世界の取材であれば、記者がペンとメモ帳を持って一人で出かけることが可能だ。しかし、テレビの場合は、ディレクター以外にカメラマンや音声など複数のスタッフが参加する。しかも、カメラやマイクといった機材も多い。こうした技術スタッフの人件費や機材費も、決して小さくない。

つまり、放送局の報道部門でもない限り、ドキュメンタリーの制作で毎日好きなだけロケーションを行い、撮りたいだけカメラを回せるわけではないということだ。ましてや、取材相手の都合や、海外取材で簡単に撮り直しになど行けない場合もあり、1回ごとの取材で、望んでいたものをどれだけ撮れるかの勝負になる。

この章では、ドキュメンタリーを含むテレビの「撮影の基本」を解説している。文章を書くときも、基本的なルールや文法を基礎知識として持っていると、相手に伝わりやすいよい文章が書けるものだ。

ペンの代わりであるカメラというツール（道具）の特性や撮影技法を知ることは、作り手の〝手の内〟や〝意図〟を理解することになり、見る側の「テレビ・リテラシー」にとっても大変有効である。また、実際に映像制作を行う際にも大いに参考にしてほしい。

ドキュメンタリーの撮影

どんな長さの番組も、すべてカット（ショット）の積み重ねで成立していることは前に述べた。ワンカットをどう撮るか（フレーム作り）から映像の表現は始まり、カットが積み重なってシーン（場面）となる。シーンが積み重なることで、ストーリーが生まれる。ドキュメンタリーなら〝流れ〟が生まれる。

ドラマにはもともとストーリーがあり、カット割（カットごとの撮り方を決めたもの）や絵コンテに基づいて撮影が行われる。しかし、ドキュメンタリーの撮影では、構成案はあったとしても、現場でそのとおりに撮れることはほとんどない。

目の前の事実をカメラに収めながら、常にテーマとの整合性を考える。予備知識や情報と実際の現場との違いを踏まえながら、軌道修正を行う。いわば、真実を追って再構成していく。それが、ドキュメンタリーの撮影だ。だからこそ、現場では被写体に対する先入観や固定観念を捨てて、カメラも柔軟に対応していく必要がある。

カメラの特性

実は、人の目はカメラよりはるかに性能が高い。自動的にいろいろな見方をしている。たとえば、公園で遊ぶ自分の子供を見守るお母さんの目は、最初ワイドレンズの広い視野で全体を眺め、何かあれば一瞬で子供をアップで映し出す。

これに対して、カメラは同じレベルの性能であれば、どんなカメラを使っても撮れる映像はほとんど変わらない。カメラ自体は、自分の意思で勝手にどこか一部分を選んだりせずに、ファインダーに入るものをすべて映し出してしまう。

だから、カメラで何かを撮影する場合は、必要な部分だけを切り取って撮らなければならない。「人の目」と「カメラの目」の性質の違いを考えずに撮影すると、イメージしていたものとは違うものを撮る結果になってしまう。

映像による表現

映像表現と文字による表現の最大の違いは、映像が見る人に直接的なイメージを与えてしまうことだ。文字で「赤い花」と書かれていても、読む人それぞれに思い浮かぶ花のイメージは異なるが、映像で赤いチューリップを見せられたら、それ以外をイメージすることは困難だ。ワンカットの影響力は大きい。

ドキュメンタリーの撮影に限らず、テーマに合った被写体を選び、状況に応じたレンズワークによって、見やすく、わかりやすい画面を撮る必要がある。

また、視聴者は当然のことながら現場にはいない。ブラウン管やモニターに映し出される映像を見て、状況を判断するしかない。つまり、カメラのレンズは取材者の目であり、同時に視聴者の目でもあるということだ。逆に言えば、視聴者は、取材者が「見せたい」と思うものだけを見せられていることになる。このことは、テレビからの映像を〝解読〟する際にとても重要な点だ。

画面サイズ

カメラのファインダーによって切り取る撮影対象（風景・もの・人物など）の大きさを「画面（カメラ）サイズ」という。何をどんなサイズで撮るのも自由だが、見る人が理解しやすく、見ていて気持ちのいいサイズというのは、ある程度決まっている。

◆実景（風景）のサイズ
「ロングショット」――風景や場所などの全体像。

「ミディアムショット」――ロングとアップの中間。

「アップショット」――被写体全体やその一部を大きく映す。強調する効果。

ロングショット（遠景）になるほど客観的な状況描写となって、全体の情景や周囲との関係を見る人に伝えることができる。

◆人物のサイズ
「フルショット」――頭からつま先まで人物の全体像。

「ニーショット」――膝から上の映像。

「ウエストショット」――腰から上の映像。

「バストショット」――胸から上の映像。

「ショルダーショット」――肩から上の映像。

「アップショット」――画面いっぱいの顔。

〈実景のサイズ〉

ロングショット

ミディアムショット

アップショット

〈人物のサイズ〉

フルショット

ニーショット

ウェストショット

バストショット

ショルダーショット

アップショット

〔イラスト〕松平敦子

特に人物を撮る場合に大事なことは、どんなサイズで撮るかによって、映像の持つ意味が違ってくるということだ。

たとえば、クローズアップにすればするほど主観的な心理描写となり、表情をはっきり見せることで直接的に喜怒哀楽などの感情を強調することになる。インタビューで、話が核心に入っているのに、顔の表情もわからないような〝引いた〟サイズでは、見る人も感情移入はできないだろう。現場で話の内容を聞きながら、最も適したサイズを選択していく必要がある。

カメラポジション

撮影現場で被写体に向かった際には、どこにカメラを置くかをよく考えなければならない。ポジションが悪いと、適切なカメラアングルや構図も生まれないからだ。

紀行番組や美術番組などでは、よく美しい風景が俯瞰《ふかん》で登場する。取材者は、その街をどこから撮れば、街の状況がわかる美しいロングショットになるか、周囲をよく見回したり、建物や丘など高いところに登ったりしてカメラポジションを探す。

人物を撮る場合でも、被写体の大きさや高さに合わせてカメラの位置を変える必要がある。ポジションとアングルの組み合わせが、様々な意味を持った映像を生み出すからだ。

「ハイ・ポジション」――撮影者が立ったときより高い位置。
「アイ・レベル」――撮影者が立ったときの目の位置。
「ロー・ポジション」――撮影者が立ったときの目より低い位置。

イマジナリーライン

撮影される「もの」や「人」の位置関係が逆転しない限界の線を「イマジナリーライン」という。イマジナリーライン（図のように向かい合う二人をつなぐ線）の手前であれば、どこから撮影してもAさんはBさんの左側に映る。しかし、いったんイマジナリーラインを越えてしまうと、Aさんの姿はBさんの右側に移動してしまう。ラインの手前で撮ったカットと向こう側で撮ったカットをそのままつなげると、瞬間移動でもしたような奇妙な映像になってしまうのだ。どうしてもラインを越えなければならない場合には、編集で越える瞬間の映像をはさんでおく。すると、視聴者にもカメラがイマジナリーラインを越えたことがわかるので、混乱が少ない。

カメラワーク

レンズを操作したり、カメラ自体を動かすことを「カメラワーク」という。人が日常生活の中でものを見るとき、あるときは全体を広く見渡し、必要ならどこか一カ所に注目したりする。

〈イマジナリーライン〉

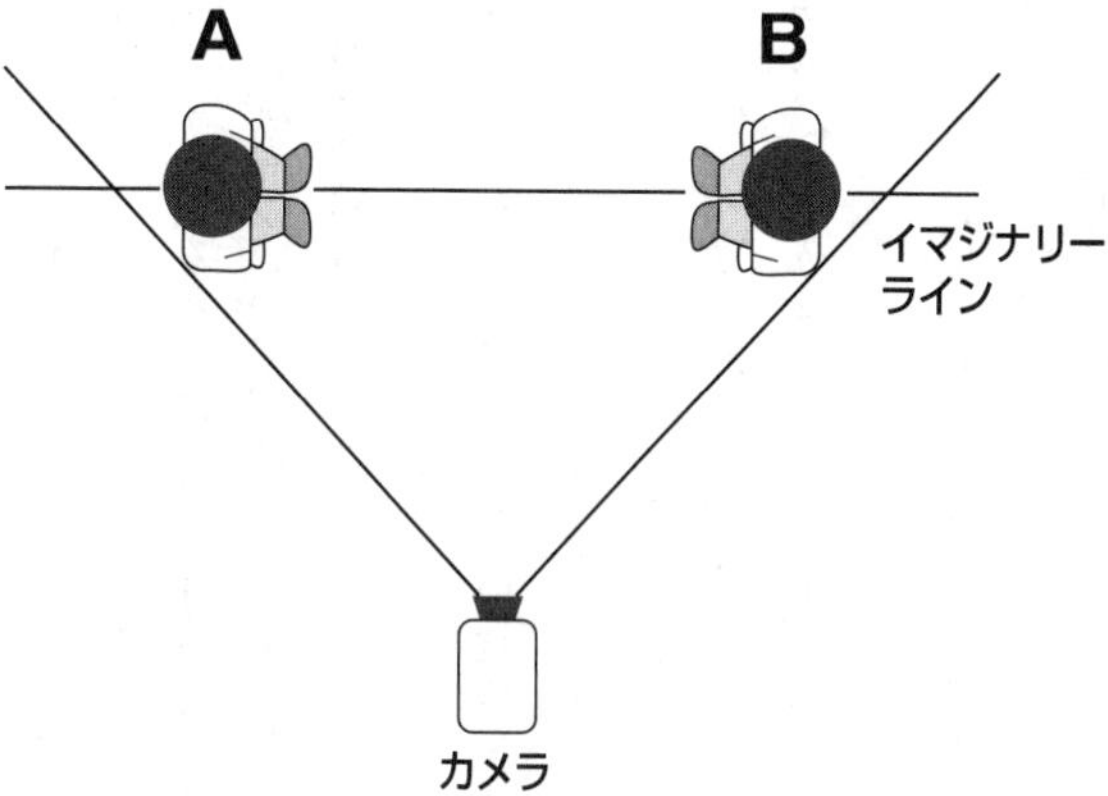

もしも見えづらければ、首を振ったり場所を移動したりして見る。しかも、こうした動きを無意識のうちに行っている。

だが、カメラは機械であり、自身でこんな動作はできない。そこで、カメラのレンズを操作したり、カメラ自体を動かしたりして、人の目に近い映像を撮ろうとする。

◆カメラ自体によるカメラワーク

①フィックス

フィックスとはカメラを動かさないで撮影すること。撮影の基本は、このフィックスだ。撮影対象がじっと動かないカットなので、何を見せたいのか、何を伝えたいのかが明確だ。

これに対して、ズームやパンがたくさん使われていると、見ている人は落ち着かない。

撮影のときは、何よりもまず安定した静止映像を撮ることを心がけることだ。撮影時間の目安はワンカット10秒。カメラを回し始めたらゆっくりと10秒数える。数え終わったところで撮影を終える。

フィックスを撮るときは三脚を使うことが望ましいが、ドキュメンタリーの場合などでは使えない状況も多いので、様々な工夫をして画面を安定させるよう努める。建物の壁や立ち木などに身体を着けて固定するとよい。

②パン

カメラを左右や上下に振って、被写体全体を撮ること。現場での体の使い方としては、最初にフィニッシュ（最後に撮る部分）を楽に撮れる姿勢を決めてしまう。そこから体をいったんねじって、元に戻りながらパンする。いきなりパンを始めるとフィニッシュで姿勢が苦しくなり、最後でうまく静止できないことがあるからだ。見せたいものがフィニッシュに来るようにカメラを動かすのは、見る側の生理として、始まりより終わりのカットのほうに意味があるように見えることにもよる。

また、パンの角度の基準は20度くらいがいい。大きすぎる角度のパンは移動距離が長くなって見ている人が疲れてしまう。また、多くの場合は近くのものでフィニッシュになるほうが、わかりやすい映像となる。

③ドリー

ドリーは、カメラ自体の水平移動。三脚に付けたキャスターで移動したり、カメラごと台車に乗ったりして撮るが、ドキュメンタリーではカメラマン自身が手持ちで静かに移動していくことが多い。

④クレーン

クレーンは、カメラ自体が空中を浮遊するように、空間を自由に移動する撮り方。専用クレーンにカメラを取り付けて撮るのが普通だ。

◆レンズによるカメラワーク

カメラのレンズを操作することで、映る範囲を変化させることを「ズーム」という。「ズームイン」と「ズームアウト」がある。

①「ズームイン」

撮影者が被写体に近寄らずに、レンズの操作だけで被写体を序々に大きくしていく映し方。ものがだんだんクローズアップされるので、見ている人もそれに注目してくれる効果がある。

②「ズームアウト」

ズームインとは逆に、レンズ操作だけで被写体を小さくしていく映し方。はじめ大きく映っていたものが小さくなると同時に、周囲の様子が見えてくるので、映像的にもいろいろな効果を狙える。

ズームの倍率は画面の4分の1の大きさが目安だといわれる。あまり極端なズームは、早いパンと同様に、見ている人を疲れさせてしまうからだ。

また、どんなときでもズームを使うのではなく、寄れるものには撮影者自身が近づいていくこと。ズームアップは自分が被写体に近づいていけないときだけ使うようにする。

パンとズームに共通することとして、どちらも、スタート時には映像をゆっくりと動かし始めるようにする。そして徐々にスピードを上げて、最後にまたゆっくりした動きにして止める。こうすると見やすい映像が撮れる。また、最初と最後の静止部分を10秒はキープする。その部分だけをフィックス映像として使うことがあるからだ。

カメラアングル

人物に限らず風景や物も含め、撮影対象に向けたカメラの角度のことを「カメラアングル」という。大きくは三種類あって、上から見下ろす状態の「ハイアングル」、ほぼ目の高さで撮る「水平アングル」、下から見上げた感じの「ローアングル」だ。

ここでも気をつけなくてはならないのは、選択するアングルによって、見ている側の受ける印象が違ってくるということ。逆に言えば、狙いどおりの印象を与えることも可能なのだ。

たとえば人物の場合、ハイアングルを使ってその人を見下ろした画を撮ると、なんとなく寂しげな感じがするし、ローアングルでその人を見上げれば、見る側には威圧感のある尊大な印象を与えることになる。自然に撮るなら水平アングルがいい。

また、人物の表情をアップでとらえるには、被写体の真正面より少し横にずらした位置で、ややあおり気味のアングルがいい。その人の目鼻立ちもよくわかり、人物の印象が強くなる。その際、人物と背景の重なりにも気を配ることが必要だ。背景の明暗や色合いによって、表情の雰囲気も違ってくるからだ。

特にドキュメンタリーでは、アングルを変化させることで、撮影対象の心理や気分までも表現できる。それもまた、大事な〝演出〟なのだ。

配置（レイアウト）と構図（フレーミング）

画面の中に撮影対象をどのような形で収めるか、その配置（レイアウト）を「構図（フレーミング）」という。

構図を決める際の基本は、水平を保つということ。これは安定した画面を作るためにはとても大事だ。水平になっていないと、その映像は不安定で落ち着かないものになる。

また、構図によって、強調される内容が変わってくる。ドキュメンタリーの人物撮影でも、人物だけを画面いっぱいにするのか、広角レンズなどを使って周囲の状況も同時に伝えようとするのか、制作者はシーンの意図によって、その都度構図を選択していく。

中には、避けた方がよい構図もある。人物の前に何か邪魔なものがあったり、画面から人物がはみ出していたりしていて、見たいものがよく見えない状態はできるだけ避ける。

もちろん、そんな構図も絶対使ってはいけないというわけではない。何か、衝撃的なことを表現したり、普通と違う印象を与えたいときなど、わざと不安定な構図にすることもあるからだ。要は有効な使い分けである。

映像で伝えるとは?

以上、撮影の基本をおさえたうえで、少し整理してみたい。まず、映像は情報や感情などを伝えるために作られているということ。ドキュメンタリーを作るときも、重要なのは「何を伝えたいか」と「どうしたら伝えられるか」である。まず、伝えたいことの確認をして、次にどんな映像を切り取り、組み立てればいいかを考える。

また、ドキュメンタリー制作では、撮影のチャンスはこの一度だけということが多い。取材相手の言葉だけでなく、臨場感あふれる表情などもその時しか撮れなかったりする。場合によっては、相手にお願いして撮影のチャンスを増やすことも必要だ。

たとえば、同じ作業を違った角度から2回撮らせてもらう。それを編集でつなぎ合わせると、1度だけの撮影の場合より、見る人にはわかりやすい映像になる。ただし、この手法が使えるのは、相手が気持ちよく協力してくれる場合だけである。嫌がる人に無理強いしてはならない。

ほかにも様々なやり方がある。たとえば、「状況設定」という演出手法。女性のブーツが流行していることを見せたいとき、街を歩く女性のうち、ブーツを履いている人に集まってもらう。

次に「再現」という方法。映像がなければ、番組は成り立たない。そこで、すでに起きてしまったことを表現したいときには、資料映像を探したり、写真を借りたりするが、再現映像を撮るのもそのひとつだ。

ただし、再現映像を使うときは、見ている人が「これは再現映像だ」ということを理解できるようにする必要がある。でないと、いわゆる「やらせ」と判断されてしまう。絶対にしてはならないことは「実際にはなかったこと」「事実とは異なること」を映像化することだ。

このあたりを間違うことから多くの問題が発生し、テレビそのものへの信頼が揺らぐような事態がたびたびあったことは、第2、3章を再読するとわかるはずだ。特に「やらせ」の問題については、次章で詳しく述べることにする。

第8章「ドキュメンタリー」を制作する(3)——演出

予定どおりに撮れるドキュメンタリーなどない

特にロケの最中ではなくても、天気がよくて遠くの風景まで見通せるような日、「今、ここにカメラがあればなあ」と思うことがある。これが、自然を対象とする番組を作っている人だったら、「自分の目が、そのままカメラになったらいいのに」とさえ思うはずだ。テレビの場合は、とにかく撮影できなければ、何も始まらない。ビデオテープに収録してようやく仕事になるという宿命を背負っている。そのことが、ドキュメンタリーの制作でも重要なポイントとなる。

現在も放送されている「遠くへ行きたい」(テレビマンユニオン・読売テレビ)という旅番組のディレクターをしていた頃のことだ。撮影の本番であるロケーションでは、〝旅する人〟と呼ばれる出演者と、カメラマンなどの技術スタッフ、そしてディレクター、ADなどが、いわばワンチームとなって現地へ向かう。しかし、ロケハンにはディレクターが一人で行くことになっていた。

その回の旅をどんなものにするのか。たとえば「手作りの味にこだわってみる」とか、「ユニークな職業のお年寄りをメインに」といったことは、ロケハン以前の企画段階、リサーチ段階で、大体は決めてある。

だが、実際に現場に行ってみないとわからないことがたくさんあるのがドキュメンタリーである。特に、「人」がそうだ。予想していた人物像とまったく違っていることなど日常茶飯事。しかも、思っていたよりおもしろい人、想像以上に素敵だった人など、うれしい誤算も多い。ロケハンにやって来た私を迎えて、ご自身の話、地元の話をして下さる。それを楽しくうかがいながら思うのだ。「ああ、たった今、ここにカメラがあれば」と。

この番組の取材対象はタレントではない。いわゆる素人の方々だ。本来、日常とはかけ離れた、テレビカメラを自分に向けられるなどということに、慣れている人など皆無だ。しかも、テレビで顔をよく見る俳優やタレントが目の前に座ったりすれば、普段どおりでいられるはずもない。

撮影当日、カメラの後ろで聞いていると、ロケハンのとき、私に対してざっくばらんにしてくれていた話のほうが何倍もおもしろいような気がして落ち込むことがよくあった。そこで、あれこれ工夫もした。ロケハンの際に、この人は本番での一発勝負のほうがいいと判断したら、あまり細かく話を聞かず、実際カメラが回るときまで取っておいたりしたのだ。

だが、気をつけなくてはならないのは、ドキュメンタリーの撮影は、ロケハンの〝再現〟ではないということだ。ロケハンで、ディレクターの頭の中には、ある程度、番組の流れ、構成、映像などが見えてくる。けれど、撮影当日もロケハンのときと同じように青空で美しい風景が撮れるとは限らないし、職人のおじいさんは体調を崩して、ロケハンで聞いたような味のある話を聞かせてくれないかもしれない。これは、台本を役者さんに読んでもらうドラマ作りとは違うわけだから当然のことだ。

ドキュメンタリーでは、最初に立てた企画、事前調査をもとに作った構成案、そしてロケハンを経ての再構成と準備、それら一切が実際の撮影現場でガラガラと崩れていくことはしょっちゅうだ。「予定」どおりに撮れるドキュメンタリーなど、ほとんどないのかもしれない。言い方は少し乱暴だが、あらゆる準備をしたうえで、「現場」もしくは「現実」という、それこそ一筋縄ではいかない相手と揉み合い、格闘したことを、見てくれる人たちに「報告」するのがドキュメンタリーではないかと思うのだ。もっと言えば、作っている時点、放送される時点における「中間報告」「経過報告」だと考えたほうがいいかもしれない。

中間報告としてのドキュメンタリー

テレビには、必ず放送日という締め切りがある。特にドキュメンタリーの場合、常に動き続け、変化し続ける現実が対象であるため、この締め切りが1カ月、いや、1週間延びただけでも、取材はプラスされ、それによって全体の構成さえ変わってしまうかもしれない。

それに、作り手自身も同様だ。同じテーマに取り組んだとしても、去年の自分と現在の自分がまったく同じアプローチで番組を作るとは限らない。これも当然で、たとえば医療問題を追っていたディレクターが、身内にガンになった人が出て、それまでの自分の取材を根底からやり直したという例もある。

つまり、取材対象（人であれ、ものであれ）と取材者自身の、まさに取材が行われた時点での「現在（今）」を、その「関係性」を提示しているのがドキュメンタリーなのではないか。

作り手側から言うと、こうなる。「私は、このテーマをめぐってこんなふうに考え、こんな具合に取材してきました。現時点でわかったことはここまでで、ここから先は今の自分にはわかっていません。皆さんに見てもらうのは、私のとらえ方とアプローチでたどり着いた、このテーマについての〝現在〟です」と。

そういう意味で、「ドキュメンタリーとは永遠の中間報告である」というのが、私の実感だ。

では、中間報告、経過報告としてのドキュメンタリーをどう作るのか、その「演出」について考えてみたい。

ドキュメンタリーの演出

「演出」という言葉を『新明解国語辞典』で引いてみる。

①〔劇・テレビ・放送などで〕脚本に基づいて、俳優の演技や装置・衣装・照明・音楽などを指示し上演・撮影を効果的に行うこと。

②〔会などで〕あらかじめ決めた順序・筋書きなどのとおりに事が運ぶようにさせること。〔文脈により、特別な趣向を凝らして思いどおりに事を運ぶ意にも用いられる〕。

ここでは、映画やドラマなどのフィクションを中心にして記述されているが、要するに、作り手が作りたいものを作るために行うすべての行為を指すと考えてよさそうだ。作りたいもののためには特別な趣向も凝らすし、自分が考えた段取りに従って、制作が順調に進むように周到な準備もするだろう。

演出というのは、カメラが回っている、撮影しているときのことに限らず、そこに至るまでの過程も含んだものだ。当然ながら、ドキュメンタリーもまた、作り手によって「演出」されてでき上がる。

先述の「遠くへ行きたい」で言えば、たとえば、ある漁師さんの話を撮るとする。何を語ってもらうのかについても、その話が全体構成の中にどう位置づけられるのかによって判断が違ってくるのはもちろん、どこで撮るのかも大事なポイントになる。漁をする船の上、港の岸壁、自宅の居間、庭、それとも卒業した小学校の桜の木の下がいいのか。列挙した場所は、それぞれに意味を持っているわけで、こんな、たかがインタビューの場所を決めるという何でもなさそうなことも、やはり大切な「演出」なのである。

今、私は「場所を決める」と言ったが、この「決める」ことが、実は「演出」の別の呼び方だと思っている。つまり、「演出とは決定を下すことである」と。

風景を撮る際も、引きか寄りか、カメラが首を振って撮るパンでも、右からか左からか、すべてジャッジが必要になる。しかも、その選択について説明ができるようでなくてはならない。ましてや、企画の根幹にかかわる部分については、現場の状況ひとつひとつに対する判断・選択・決定が大きな意味を持つ。

ここで再度認識する必要があるのは、テレビは撮れてこそ成立するメディアだということ。「今、カメラがあったらいいのに」と思うような場面に出会っても、実際に撮影していなければ視聴者には見せられない。そのことを踏まえて、作り手は様々なアプローチで番組を作ってきたし、今も作り続けているのだ。

だが、安易な道に走ることも可能であり、実際にそんな例は多い。

「演出」と「やらせ」の違い

第2、3章の放送史で見てきたように、過去、テレビ・リテラシーの面からも重大な事件がいくつもあった。「やらせリンチ事件」「女子大生の性24時」といったものから「ムスタン」の場合まで、必ず出てくるのが、いわゆる「やらせ」という言葉だ。

今度は『広辞苑』で「やらせ」を引いてみる。

「やらせ〔遣らせ〕事前に打ち合わせて自然な振る舞いらしく行わせること。また、その行為」だと出ている。もう一冊、『辞林21』だと、こうなる。

「事前にしめし合わせて、なれあいで事をおこなわせること」。しかもご丁寧に、「例〔テレビ局のやらせ〕」と付け加えてあった。

いずれにしても、テレビに関する場合、実際とは違うことを、意図的にあたかも本当、本物のごとく表現することだといえるだろう。しかし、その実態としては、様々なケースがある。

たとえば、「マスコミ的やらせ」のわかりやすい整理として、同志社大学教授の渡辺武達さんが『マスコミ市民』93年5月号に載せたものがある。

①世論を誤って導くための制作意図。

②内容の誇張表現。
③個別事項の間違い。
④編集上の意図的な事実の削除。
⑤ないことをつくりあげる捏造《ねつぞう》。
⑥事実の脚色と歪曲。
⑦全編の虚偽や偏向。

ひと口で「やらせ」と言っても、これだけ分けることができるのだ。

ジャーナリストのばばこういちさんの分類は、「やらせ」と「再現」の〝線引き〟がポイントになっている。

①許容される再現。
②クレジットを入れてことわるべき再現。
③悪質な再現。
④虚偽（デッチ上げ）。
⑤虚構（ドラマ）。

もともとはあったこと、あることを再現するのに段階があり、ないことをあったように表現するのは、もはやドラマ作りであると言うのだ。

テレビ朝日のワイドショーにおける「やらせリンチ事件」では、リンチが行われていたことは事実だったとしても、犯罪である暴力行為を依頼して〝再現〟し、それをスクープ映像だといって放送したことに問題がある。

朝日放送「素敵にドキュメント」の外国人男性と日本人女性の「ホテル行き」の場合も、現実にあることかもしれないが、それを撮影できず、スタッフが演じる女子大生とアルバイトの外国人男性による〝再現〟を、制作側は〝本物〟として放送したのだった。

そして、「ムスタン」。スタッフによる落石、流砂、うその高山病が、〝再現〟という名の演出技法の範囲におさまるのかどうか。「再現」は、確かに演出テクニックのひとつだ。ドキュメンタリーでも古くから使われてきた有効な方法である。問題は、この方法の用い方だろう。

すでに述べたように、テレビはカメラが回っていないと、何も作っていないことになってしまう。ロケハンでどんなにいいモノやいい話を、見たり聞いたりしても駄目で、カメラに収めなくてはならない。とはいっても、費用のかかるロケを何度も（撮りたいものが撮れるまで）敢行するわけにはいかない。放送日という締め切りもある。そもそも、企画の核心となるような場面が撮れなければ、〝商品〟として成立しない。つまり、放送されない可能性もある。そんなとき、制作者を「やらせ」という陥穽《かんせい》が待ち受けているようだ。

再現という手法

ドキュメンタリーの優れた作り手であり、武蔵野美術大学教授でもある今野勉さんによれば、「捏造」のやらせが許されないのは、大きく二つのポイントによる。

①視聴者に誤った情報を伝えることになる。また、取材対象にも迷惑がかかる。

②別の制作者に迷惑がかかる。

この②については説明が必要だろう。テレビの制作者が生み出した番組は、当然〝商品性〟を持つ。それは演出家の名誉と報酬につながっている。一人が誤った方法でこの〝商品〟を作ってしまうと、同じテーマで番組を作ろうとしていた別の制作者の、作る機会を奪ってしまう。それが不当だと言うのだ。

また、NHKで数々の名作ドキュメンタリーを作ってきた演出家の相田洋さんは、「再現の条件」ということをおっしゃっている。相田さんによれば、その再現をすることが、5W1H（誰が、いつ、どこで、何を、なぜ、いかに）という伝達の原則の、どこをどれだけ変えることになるのか、それを確認すべきである。できるだけ5W1Hが事実と異ならないようにすべきだ、と。

そのうえで再現するかどうかの決断を下すわけだが、さらに二つのチェックポイントがある。

①反社会的な行為はやってはいけない。

②そのことによって当事者が不利益をこうむるようなことはやってはいけない。

この二つをクリアしたら、最後に、再現によって番組（制作者）は何を失い、何を得るのかを考える。この一連のプロセスが相田流「再現の方法論」である。

実は、今野さん・相田さんという、ドキュメンタリーの巨匠たちのベースには、ある共通認識がある。それは、お二人のドキュメンタリー論でもあるのだが、「事実必ずしも真実ならず、真実必ずしも事実ならず」というものだ。「事実」だけが、「ありのまま」だけが真実ではない。よって、「状況設定」という演出も行うし、「再現」という手法も有効ならば活用する。

しかし、ここで大切なのは、取材者の立ち位置（スタンス）を明らかにすること。取材者の立ち位置を明確にすることは、同時に取材対象との「関係性」をもはっきりさせることだ。今野流に言うと、「私が、なぜそれを撮るのか。その〝関係〟を撮るのがドキュメンタリーである」ということになる。

プロフェッショナルの厳しさを持てるか

ドラマであれば自分のイマジネーションを撮ればいい。しかし、ドキュメンタリーは制作者と相手との「関係性」「かかわり方」を撮るものだ。私は「ドキュメンタリーとは、みずからテーマを設定し、取材を進めながら、事実の中にある真実を探っていく、そのプロセスそのものである」と言った。そして、今回、ドキュメンタリーを「永遠の中間報告である」と述べた。取材者と取材対象との関係性も、このプロセスと中間報告の中にある、と思っている。

ドキュメンタリーに対する考え方も、アプローチの方法も、100人の制作者がいれば100通り存在するといえるだろう。それだけ、作り手個人がみずからの考え、みずからの選択・決定によって事を進めることが可能な「場」なのだ。

こうして考えてくると、作り手「個人」に様々なものが託されていることがわかる。テレビという巨大メディアと作り手「個人」という〝落差〟、〝対比〟についても、強く注意する必要があるだろう。個々人の方法論によって制作された「番組」が、テレビという装置によって広く社会へと発信される。そのことの意味や重さを自覚していないと危うい方向へ行ってしまうのだ。

猪瀬直樹さんは、テレビ・ドキュメンタリーをめぐるあるシンポジウムの中で、このあたりのことを「つまり、プロフェッショナルの厳しさをどう持つかだ」と指摘し、さらに「すべてが方法論に尽きる」と続けていた。

このとき、同じシンポジウムに出席していたテレビマンユニオンの重延浩さんは、こう述べている。

「プロでなければならないと思っているのは、事実を重ねればいいというレベルではない。どうやって事実を選択し、それを真実に近づけることができるかです」と。

再現、脚色、歪曲、捏造、虚偽、偏向……。現実と切り結ぶはずのドキュメンタリーは、刀の刃の上を歩くような、綱渡り的なところがある。しかも、右に落ちればいいが、左に落ちるとすべてが駄目になるような。

「プロフェッショナルたりうる」とは、どんなことなのか。それを、あらためてすべてのテレビマンたちがみずからに問い続けることが必要なメディアがテレビだといえるのだろう。

私自身は「プロであること」の証左を、ややオーバーかもしれないが、愛と誇りの有無に求めたいと思う。自分の仕事と番組内容に愛情を持っているか。誰に対しても正々堂々と胸を張れるだけの誇りも持っているか。見る人や社会に大きな影響を与えるメディアだからこそ、制作者個々人の「自律」と「自立」が求められている。

第9章 「ドキュメンタリー」を制作する(4)——編集・仕上げ

番組作りは、撮影が終わって完成ではない。いわば、料理でようやく材料が揃った状態だ。調理は、ここから始まる。それが「編集」だ。

編集とは、番組の長さに合わせ、ワンカットずつ画像を積み重ねていくこと。そのための素材は、撮ってきたビデオテープの中にある。編集は素材の山の中から、構成案に沿って必要と思われるカットを選び、効果的な並べ方を考えながらつないでいく、楽しくも根気のいる作業なのだ。

撮ってきた映像をそのままつなぐと間延びして単調なものになるが、編集するとテンポやリズムが生まれ、とても見やすくなる。また、編集によっては、逆に内容がわかりづらいものになったりする。

テープ編集とノンリニア編集

つい最近まで、テレビの編集といえば「テープ編集」だった。これは、まず撮ってきたオリジナルテープの内容を別のテープにダビング（素材上げ）する。そのテープを〝出し〟用にして、別の〝受け〟テープにダビングしながらカットを捨てたり、つないだりしていくのだ。この方式の難点は、編集を繰り返すごとにダビングを重ねることになるため、テープの映像が劣化していくことだ。

その点、現在はテープ編集に替わる「ノンリニア（デジタル）編集」が主流になってきた。これは、オリジナルテープの中身をコンピュータ（ＰＣ）に入れて、ＰＣの中で編集を行うものだ。テープをこすったり、ダビングをするわけではないし、デジタルであるため画像が劣化することもない。

また、何より便利になったのは、テープ編集だとダビング時間はカットの長さそのままが必要だが、ノンリニア編集では一瞬にしてつなげることができることだ。使いたいカットを探す場合も、いちいちテープを早送りしてチェックするようなことをしなくていい。画の並べ替えも「カット&ペースト」でできてしまう。物理的な時間が短縮された分、番組内容や編集そのものについて考える時間が生まれたともいえるだろう。

しかし、編集の重要性、編集の基本は変わってはいない。この章では、その作業の流れとポイントをおさえていく。前章までを参考に、実際の映像制作に取り組んでいる人たちは、編集・仕上げを経てゴールまで到達していただきたい。

ラッシュ――撮影済みの映像をチェックする

撮ってきたままの映像を「ラッシュ」という。それから転じて、放送業界では、編集の第一段階として撮影済みのすべての映像を見ることをラッシュと呼んでいる。

ここでのポイントは、撮ってきた素材の確認と整理だ。素材のチェックとしては、構成案にあがっている映像がすべてあるかを確かめる。また、テープノイズなどの問題がないかだけでなく、素材として撮ってきた内容が〝使えるか〟についても吟味する「場」がラッシュだ。インタビューが中心の取材であれば、特に音声に気をつける。そうやって全体を見たり聞いたりしたうえで、撮り直しや新たな追加撮影の必要がないかの判断をする。

ラッシュに立ち会うのは、ディレクター、プロデューサー、そして編集者という面々だ。特に編集者は、撮影現場の状況や事情もわからない。それだけ、映像から受ける印象を素直に受け止めることができる。伝わる、伝わらないといった判断も、現場にいた撮影の当事者より的確だったりする。

しかし、ドキュメンタリーでは、ディレクターが自分で編集を行うケースも多い。このとき、注意すべきなのは、自身が撮ってきた映像であっても、ラッシュでは可能な限り客観的に見るようにすることだろう。あたかも初めて見るつもりでラッシュに臨むようにして、映像から受けた感動や印象を大切にする必要がある。

また、素材の整理という意味では、ラッシュの際には、カットの内容、長さなどをメモしていくことが大事だ。あとで、どのカットをどんな順番で並べるか、メモ用紙を何度も並べ替えて考えるのだ。

編集作業における四つの狙い

編集の実際の作業とは、必要なカットをつないでいくことである。また逆の見方をすれば、いらないカットを捨てていく作業でもある。また、選んだカットをどのような順番で並べていくと、より見る人にテーマが伝わるか、興味深く見てもらえるかを考えながらつないでいく。

そんな編集作業には、大きく四つの狙いがある。

①余分なカットを切り捨てる

使えないNG部分を切るのは当然だが、よく撮れているカットでも、番組にとって不要な場合は思い切って切らなくてはならない。

②イメージを強調する
インサートカットを挿入してイメージを強調することも、編集でしかできない重要な演出だ。
③テンポとリズムを生み出す
ドラマのアクション物やサスペンス物だけではなく、ドキュメンタリーの場合でも、全体の流れに緩急をつけることは必要だ。
④ストーリーを作る
これもドラマをイメージしそうだが、ドキュメンタリーもまた、起承転結をどうするかという構成力が求められる。構成とは、一種の〝ストーリーテリング〟である。

二つの編集手法

実際の編集作業では、主に二つのやり方が行われる。
①アッセンブル編集
アッセンブル編集とは、ＡＢＣＤと次々にカットを重ねてつないでいく方法だ。
②インサート編集
インサート編集は、ひとつのシーンの間に、部分的に別のカットを入れ込んでいく方法。実際にはアッセンブル編集が中心となって、インサート編集も利用することになる。

つなぎ目の加工

カットとカットをそのままつないでいくと一瞬で画面が変わる。この方法を「カットつなぎ」という。だが、つなぎ目に手を加えることで様々な効果が生まれる。

①フェードイン、フェードアウト

映像が少しずつ消えていき、そのあとに別の映像がまた少しずつ現れる。こんな方法で、「時間の経過」「場所の移動」「感情の変化」など、いろいろなことが表現できる。映像がだんだん消えていくことを「フェードアウト」、映像が徐々に現れてくることを「フェードイン」という。

②オーバーラップ

ひとつの映像に別の映像が重なって、同時に二つの異なった映像が見えている状態を「オーバーラップ」という。「思い出す」「異なる状況の同時進行」など様々な表現ができる。

カットのつなぎ方

カットのつなぎ方で映像の意味が完全に変わってしまうことがある。

①カット同士の関係

〈カットの関係性〉

次に持ってくるカットによって、前のカットが違った意味になる。たとえば、何かを見ている人の顔のアップの次に、札束のカットをつなげば物欲しそうに見える。だが、犬のカットがくれば動物好きに思えてくる。このように、カットは単独で存在するのではなく、次のカットとの関係で意味を生み出すのだ。

②視線・動線の方向

同じカットであっても、視線や動く方向が違うものを使うことで、映像の意味が変わってくる。空を飛ぶ飛行機のカットの次に見上げている顔が編集されれば、「どこかに行きたいな」という思いが感じられる。一方、飛行機のあとに、下を向いている顔がくれば、飛行機から何か落ちてきたのか、と思う。

また、人が左から右へと歩くカット～道～さ

〈視線の向き〉

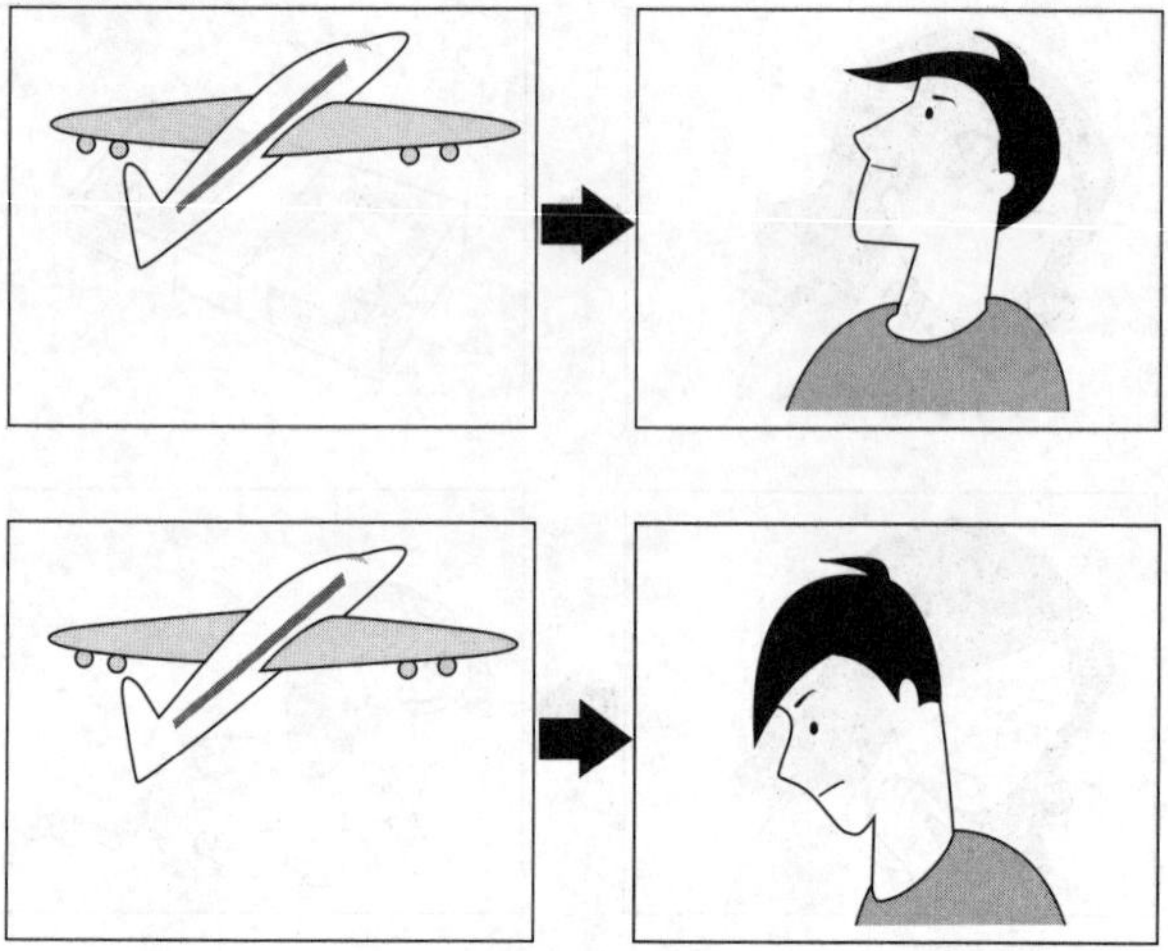

〈動線の向き〉

っきと反対方向へ歩く人、という具合につなげば、この人は道に迷っているように見える。今度は、人が左から右へと歩くカット～道～やはり同じ方向へ歩く人、という編集をすると、目的地に向かって急いでいるように見える。

音声素材の種類とインタビューの編集

(1)音声素材の種類

テレビ番組には、次のような音声が登場する。

①インタビュー、②リポート、③ナレーション、④効果音（SE）・現実音・抽象音、⑤音楽。

音声の編集とは、これら音の素材をひとつにまとめていくことだ。インタビューやリポート部分の編集は、映像の編集と同時に進められることが多く、効果音や音楽、ナレーションなどの編集は最後の仕上げとして行われる。

(2)インタビューの編集

ドキュメンタリーにおいて、インタビューは番組内容を左右する大事な部分である。インタビューの編集で大切なのは、その内容をよく理解することだ。そうでなければ大事な部分だけを正確に抜き出すことができない。長いインタビューのときには、内容をメモしながら何度でも聞いてみる。

インタビュー部分では、映像よりも話の中身を重視して編集していく。その際、不要な部分をカットして、使いたい部分だけを切り取ってつないでいくと、つなぎ方が音中心なので映像のつながりが不自然になることがある。そんなときは、つながりの悪い部分に聞き手の顔など別のカットをはさむとよい。

話し手が語ってくれた内容が正しく伝わるように編集することも大事だ。編集次第で、話し手の伝えたいこととまったく別の内容になってしまうことがあるからだ。

たとえば、ある医師のインタビューがあったとする。「煙草は身体に悪いので、できるなら完全にやめたほうがいい。それが無理なら、本数を減らして下さい。お酒は飲みすぎなければ、大丈夫でしょう」。

これを編集で、「煙草は、本数を減らして下さい。お酒は、大丈夫でしょう」とつないだ場合、確かにどれも本人の言葉ではあるし、完全に間違ってはいないが、話の主旨は変更されている。たぶん、この医師が聞いたら怒るだろう。しかし、テレビはこういう〝芸当〟が可能なメディアなのだ。

また、ある質問の答えを、別の質問に答えたものとして編集して流すことなどあってはならないが、限られた放送時間の中で、制作側が欲しい言葉を違うシーンから持ってくることはないとはいえない。悪質なものは、音による「やらせ」となる。

各局が持っている「メディア・リテラシー番組」のひとつであるフジテレビの「週刊フジテレビ批評」では、毎回ゲストを招いて、テレビをめぐるインタビューを行っている。この番組が生放送ではないにもかかわらず、30分番組を30分で収録し、編集をせずに放送しているのは、ゲストの発言がたとえフジテレビにとって辛口であっても、それに手を加えていないという証拠、アリバイだと考えられる。

効果音と音楽の編集

(1)効果音の編集
テレビ番組で使われる音声のうち、音楽でも人の声でもないものが「効果音（SE　サウンドエフェクト）」。効果音には現実にある音を録音したものと、現実には存在しない人工的な抽象音がある。

この効果音には、場面の雰囲気を盛り上げたり、ものごとを強調したりする働きがある。
(2)音楽の編集
ドラマだけでなく、ドキュメンタリーでもBGM（バック・グラウンド・ミュージック）が付くのが普通になっている。

歩く人の群れを撮った映像のバックに、暗い曲をかければ不況の街に見え、明るい曲を流せば活力のある街だと感じられる。このようにBGMは番組の印象を決定づけるので、慎重に選ぶ必要がある。

また、一般の音楽CDには著作権があって、テレビ番組の場合は、放送局の担当セクションから著作権者に申請している。番組ではなく、ビデオ映像作品でもたくさんの人の前で上映される場合には、音楽著作物の許諾申請をしなければならない。著作権フリーのCDならば、著作権の心配をせずに自由に使える。

効果音やBGMはやたらにつければいいというものではない。「無音」であることも、時には有効な演出となる。

ナレーション

(1)ナレーションの役割

ナレーションには映像と音声を補う役割がある。ナレーターの「語り」によって、視聴者にテーマや情報がより正しく、より深く伝わるのだ。

(2)ナレーション原稿

①映像と音声でわかっていることは言葉にする必要はない。

②よくわからないことは、きちんと調べたうえで書く。また、想像で書いたり、事実と異なる内容を書くことはしない。

(3)表現のポイント

①言葉を選ぶ

赤ちゃんを表現するのでも、いろいろな言い方がある。ただ「かわいい」と言っただけでは伝わらないニュアンスをうまく言葉にすることが大切。まず自分の実感に一番近い言葉を探すことだ。

②印象的なラスト・コメント

締めくくりは特に工夫する。最後のナレーションの〝ひと言〟で、番組全体の印象が決定づけられることもあるからだ。

(4)言葉

①わかりやすい表現と言葉

難しい言葉や表現は使わないようにする。できるだけ具体的でわかりやすい言い回しを工夫する。

②短い文章

ひとつの文章が長いと、耳から聞いているだけでは意味がわからなくなる。また、テンポも悪く、気持ちよく聞くことができない。

第6章から本章までのようなプロセスを経て、ドキュメンタリーをはじめとするテレビ番組が作られている。一貫しているのは、やはりあらゆる作業において、作り手の〝狙い〟に沿った様々な〝選択〟が行われているということだ。

視聴者が、番組で見聞きしているのは、映像も音声も選択のうえに選択を重ねて作られた結果だということを忘れてはならない。

第10章 テレビ・リテラシーのための体験的ワークショップ

「ドキュメント『街』〜渋谷篇」の制作実験

この章で紹介するのは慶大湘南藤沢キャンパス（SFC）の私の研究会で行ったもので、学生たちが映像を制作しながらテレビ・リテラシーを理解していく実験プログラムである。

「ドキュメント『街』〜渋谷篇」と名づけたこのワークショップは、ある土曜の正午から、翌日日曜の正午までの24時間という限られた時間内で、1台のカメラと3本のテープを渡された六つのグループが、それぞれの考える「渋谷」を取材し、最終的に10分間の映像作品を作るというものだ。企画から構成、取材、編集という映像制作の一連のプロセスを、すべて学生たちが行った。

まず、六グループを二つに分け、一方が「渋谷のおもて」、もう一方が「渋谷のウラ」というテーマを担当することにした。これは、撮影場所、撮影時間などの条件が同じであるだけでなく、さらに同じテーマで取材をしても、作り手の意図や狙いによって、まったく違った内容の映像ができ上がることを〝体感〟するためだ。

自分たちの班のテーマをもとに、何をもって「おもて」もしくは「ウラ」とするのか、という議論から企画会議が始まった。また、実際に渋谷の街に出かけていってのリサーチも実施した。

約2週間後、各班が作成した企画書をベースにして10分間のプレゼンテーションが行われた。「渋谷のおもて」として出てきた企画は、「Q－FRONTによる新しいコミュニケーション」「街の中の様々なライバル関係」「渋谷に80年暮らすおばあさんの日常」の三つ。「渋谷のウラ」では、「スカウトマンの証言」「渋谷のゴミ事情」「街の裏にある静けさ」などが提示された。

企画を全体に向かってプレゼンテーションする各班に対して、他のメンバーや私から質問が出される。それに答える中で、自分たちが伝えたい、見せたいと思っているものがより明確になる班があるかと思えば、逆に抽象的な説明に終始して、具体的な表現（何をどう撮るのか）が見えていないことがわかった班もあった。ここで、いやでも認識するのは、「テレビは、映像がないと成立しない」ということだ。その点は、プロもアマチュアも同じだ。

5月のある土曜日、午前11時半に全員が渋谷宮下公園に集合した。各班のロケ場所や撮影スケジュールを確認し、正午に解散。それぞれの撮影が開始された。

当初の企画メモ

「メディア・リテラシー」というの授業の中で、メディアの「読み書き能力」のうち、「書くこと」つまり「メディアを使っての表現」に関する教育手法の必要性を感じ、研究会で実験を行うことにした。

研究会の学生を5～6人で構成される六つの班に分け、それぞれ一～六班とし、一・三・五班には「渋谷のおもて」というテーマを、二・四・六班には「渋谷のウラ」というテーマを渡す。また、撮影にあたり、いくつかの条件をつける。

◆撮影場所は、渋谷の街に限定。
◆撮影時間は、土曜の12時から翌日の日曜の12時までの24時間に限定。
◆撮影に使用する機材は、デジタルビデオカメラ1台、三脚1台、マイク1本、DVテープ60分×3本。

以上のような条件下で、自分たちが考える「渋谷のおもて」「渋谷のウラ」を、各々10分間の映像作品として制作してみる。

なお、このワークショップは、次の流れで行う。

①制作過程についてのレクチャー（90分の講義形式）。
②ノンリニア編集機についてのレクチャー（90分）＆ドキュメンタリー研究（90分×2回）。
③企画会議、リサーチ、ロケハン（2週間）。
④撮影本番。
⑤仮編集（約2週間）。
⑥仮編集中間発表。
⑦本編集（約2週間）。
⑧発表会。

「解読できる能力」と「表現できる能力」

テレビ・リテラシー教育の目的は、テレビから送り出される情報を批評的に「解読できる能力」と、映像を使って「表現できる能力」を身につけることにある。「ドキュメント『街』～渋谷篇」も、リテラシー教育のひとつとして、基本的なテレビの読み書き能力をつけることに主眼を置いたワークショップである。したがって、テレビディレクターや映画監督のような立場で活躍するプロフェッショナルを養成することが目的ではない。これからのメディア社会を生きていくうえで必要な基礎的能力を獲得するための実験だといえる。

ワークショップ「ドキュメント『街』～渋谷篇」は、どのような人たちを対象としたかというと、33人の参加者のうち、映像制作をするのが初めてという者が7人、授業の一環としてグループで行った経験がある者が21人、そして自分ひとりで何度も作ったことがある者が5人だった。

メディアに対する基本的な「読む能力」とは、理解力と分析力から成る。さらに、それぞれがスキルとしての能力と感性の二つの側面から構成される。理解力とは、番組の構造が理解できたうえで、制作者の意図をつかむことができる力。また、分析力とは、自分の価値観に沿って番組を批評できる力と、視点が変われば、違った考え方・受け取り方があることを感じることができる力である。

基本的な「書く能力」は、構成力と表現力である。構成力とは、情報を整理したうえで、その効果的な組み立て方がわかる力だ。表現力は、自分の伝えたいことが何なのかを踏まえ、効果的な演出方法（音楽・テロップ・ナレーションなどを含む）を理解し、駆使できる能力である。

ここでいう「効果的な演出方法の理解」とは、あくまでもこのワークショップで「こうすればわかりやすい（わかりにくい）」「この音楽は内容に合う（合わない）」などが体感的にわかることを指す。

このワークショップを通じて、目標とするレベルに到達したかどうかは、参加者の自己評価とした。ワークショップに参加する前と参加したあとでの、参加者自身の意識の違い、テレビ・リテラシーに対する関心などについてアンケートを行い、まとめていった。

制作者の意図を実感する

実際に企画から取材、編集、仕上げという一連の制作を体験することにより、テレビがいかに構成されているかを感じ取る。そのうえで、自分たちが伝えたいことを伝えるためには、何をどう撮ればいいのか、また、撮ってきた素材をどのように構成していけばいいのかを考える。そんなプロセスの全体が、このワークショップの特徴だ。

取材でのポイントは、自分たちのテーマに沿って、自分たちが渋谷の街をカメラで「意識的に切り取っている」ことを体感すること。また、同じ条件下で制作が行われている他の班の作品と比べることで、同じ渋谷という街にも様々な「顔」があることを再発見する。

次に、編集作業を通じて、自分たちがカメラで切り取ってきた「素材」をどう並べ、いかに組み合わせるのか、自分たちの「伝えたいこと」を最大限に生かせる構成を模索することで、制作者の意図によって素材が選ばれていることを実感する。

それぞれの映像作品の内容と評価

各班が制作した映像作品の内容と発表会での評価は、以下のとおりだ。

◆一班　渋谷のおもて

「New Communication in Shibuya」

（内容）携帯電話を含め、渋谷の街で見受けられる様々なコミュニケーション。その中で、渋谷駅前のビルQ—FRONTのメッセージボードに注目した。そこには、たくさんの人に語りかけたいという願望、巨大スクリーンを独占できる満足感などがある。このメッセージボードを通じて、渋谷の新しいコミュニケーションの形について探っていった。

（評価）冒頭で「私たちの渋谷のおもてはQ—FRONTです」と宣言しているため、テーマがわかりやすかった。実際にメッセージを打ち込んでいる人から、うまく話を聞き出しているが、一人当たりのインタビュー時間が少し長かった。編集で調整すれば、全体のテンポも上がったはず。インタビューのカメラポジション、サイズがずっと同じであるため、見ていて飽きてくるのが残念だった。

また、家族連れのインタビューもあったのに、最後のナレーションでは「若者たちの声が……」となっていた。渋谷イコール若者の街というイメージから、なにげなく書いてしまいそうなナレーションだが、全体の構成を考えて、言葉選びを慎重にする必要がある。

◆二班　渋谷のウラ

「渋谷の恋の物語」

（内容）実際に渋谷にいる人たちに「渋谷のウラ」についてインタビューし、彼や彼女たちの思う「ウラ渋谷」を取材。その積み重ねによって、「渋谷の生ウラ」を明らかにしようとした。その中で、個性的なキャラクターの人物たちに会うことができた。かつて渋谷を騒がせた「アジャ系」ギャル、渋谷のウラ世界「キャッチ（スカウトマン）」など、彼らの姿、話を軸に「少し重たい」ウラの渋谷を表現した。

（評価）二班のおもしろさの中心は、キャッチ（スカウトマン）へのインタビューである。渋谷駅周辺で女性をスカウトしている彼らに果敢にインタビューを試み、興味深い話を聞き出している。それは学生ならではのもので、プロには聞き出せなかったであろう本音が見える。その際、話のポイントにはテロップを入れ、効果的に強調していた。

ナレーションに関しては、確かに聞いていておもしろいのだが、全体を通して視聴者に笑ってほしいのか、そうでないのかがはっきりしなかった。ややキャッチの話に頼りきった印象もあり、全体の構成をもう少し練ると、視聴者にはさらに伝わっただろう。

◆三班　渋谷のおもて

「競争の街　渋谷」

(内容) たくさんの人が集まることによって発生する、様々な「ライバル関係」に目をつけ、渋谷は「競争の街」だと定義した。競争といっても堅苦しいものばかりではなく、ハチ公とモヤイ像のモニュメント対決などもある。日常的に見かけるあらゆる「競争」から、渋谷を浮き彫りにしようと試みた。

(評価) コーヒーショップやクレープ屋など、いくつかの「対決」を、オムニバス形式でつないでいたが、テンポがよく、10分間が短く感じられた。構成もよく練られていて、競争に決着をつけるユーモラスな「論理」も楽しめた。

一方で、対決の中身をテロップと音楽で伝えているため、もっと柔軟に、現実音やナレーションを利用してもよかったという印象が残った。

◆四班　渋谷のウラ

「僕の見つけた時間」

(内容) すでに知られている渋谷と、知られていない渋谷の両方を紹介することで、新しい渋谷の印象を視聴者に与えることを目指した。映像、音声、ナレーションの使い方によって街の印象も大きく変わることを利用して表と裏を対比させ、特にウラの印象を強めた。

（評価）渋谷の繁華街から一歩奥へ入った静かな風景が中心の作品だった。静かな神社、誰もいない校庭など、渋谷にも、このような静かな部分があったのか、という発見があった。音楽と映像がマッチしていて、全体のイメージも統一されていた。ナレーションもよく練られていたが、一部、映像とタイミングがずれていて残念だった。

◆五班　渋谷のおもて

「オモテの渋谷〜日常の形」

（内容）「公園で遊ぶ」「ゆっくり暮らす」……そんな当たり前の光景が、渋谷の街の中では新鮮に見える。渋谷という空間における「日常の姿」をドキュメントした。

（評価）ロケの最中に偶然発見した古い民家に住むおばあさん。渋谷に80年住んでいるということの人が語る、街と人をめぐる話には説得力があった。もし、インタビューの途中で、「昔のアルバムなど、ありますか？」と聞いて、古い写真などを見せてもらえていたら、なおよかっただろう。

◆六班　渋谷のウラ

「犬も歩けばゴミに当たる」

（内容）一見、おしゃれな街・渋谷。しかし、ちょっと裏に回れば、そこにはゴミがあふれている。渋谷が生んだゴミは誰が片づけているのか、その真相を究明する。

（評価）テーマが「ゴミ」ということで、内容もはっきりしていた。散乱するゴミ、早朝にゴミを荒らすカラスなど、映像そのもので語りかけてきた。惜しかったのは、70リットルのゴミ袋がどんなものか、収集したゴミはどこへ行くのかなど、もう一歩踏み込んだ取材も見たかった。

ワークショップ参加者の感想

ワークショップ終了後、参加者に対してアンケート調査を行った。その中から、ここでは感想部分を並べてみる。学生たちが書いた原文と、私のコメントである。

〔撮影について〕

◆10分間は長かった。編集段階で素材が足りなくなった。

◆音声もきちんと収録すべきだった。

◆カメラ位置、パン、ズームからも意味が生まれることを感じた。

◆レンズを覗いて見えた画《え》と、実際に撮った画は、かなり違うことに気づいた。

◆動きのない建物、風景を撮ることの難しさを実感した。
◆目標の被写体にばかり目がいってしまい、きれいな花などのなにげないシーンが撮れなかったことが残念だった。

今回は撮影用として各班に60分テープを3本ずつ渡してあったが、そのすべてを回しても素材が足りないと感じたというメンバーが多かった。しかも、編集段階になって気づく者がほとんどだ。テレビ番組が、いかにたくさんの撮影を行って、その中からほんの一部の映像だけを使っているかを実感したようだ。

〔取材について〕
◆発見があった。ふだん渋谷に行っているときには気がつかないことが多かった。
◆いつもは見えないものが見えてきた。
◆取材すること自体、楽しかった。
◆インタビューでいかに答えてもらうか、インタビューでの聞き方（質問）の重要性を感じた。
◆偶然のおもしろさ。
◆撮影交渉が難しかった。カメラに対する抵抗感、警戒心の強さを感じた。

◆街に限らず、生活の中には知らないことがたくさんあることがわかった。
◆取材しているうちに、自分たちの視点が変化していることに気がついた。

初めて会う人にカメラを向けて話を聞くことの大変さをあげた人が多かった。テレビ番組で街頭インタビューが出てくるが、画面に登場するのは、あくまでも「答えてくれた人」であり、それ以上に「欲しい答えをしてくれた人」が多いことがわかったはずだ。また、〝取材者〟の目で街や人を見ることは、とても新鮮な体験だったようだ。

〔企画・構成について〕

◆構成案の重要性を痛感した。
◆画コンテを書いておけばよかった。
◆撮ったものから、どう構成していくかが大変だった。
◆撮れたものから、もう一度構成を考えるのもおもしろかった。
◆よく知られた場所であるだけに、いかに先入観や固定観念を破るかが難しいと思った。
◆「何をもって、おもて、ウラとするか」のコンセプト決めは、発想力の訓練になった。
◆各班とも、何が「おもて」で、何が「ウラ」なのか、もっとはっきり示したほうがよかった。

企画内容が、取材を進めるうちに途中で変わっていった班がある。興味深いものにぶつかりながら、最初の企画にこだわって変えなかった班もある。どちらも間違ってはいないし、そこで大いに悩むのもドキュメンタリーのおもしろさである。

〔編集・仕上げについて〕

◆映像と音とのバランス、テロップとナレーションのバランスが難しかった。

◆編集にもっと時間をかけたかった。

◆構成、撮影、編集という過程で、視点も変化していくのが興味深い。

◆映像は音楽、ナレーション、テロップなどの後処理で、まったく違ったものになることを実感できた。

◆自分たちには、全体の流れ、背景があるとわかっていたが、映像を初めて見る人の立場になって見るとわかりにくい部分があった。

◆ひとつのことを伝えるのに、伝え方は何通りもあることがわかった。

◆せっかく撮ってきた素材を、生かすも殺すも編集次第だということを感じた。

◆自分たちの伝えたいことは何で、それを伝えるために、どういう順番で並べればいいのかを真剣に考えた。

◆編集で意図的に自分たちの素材を実際よりよく見せることができる。

◆動きのないものを編集でどう組み合わせていくのか、という難しさを感じた。

撮影という〝現場の興奮〟から覚めて、編集作業では冷静に素材と向き合っていた。まったく初めて見る視聴者にわかってもらうことの難しさを実感することから、編集の重要性に気がつく者が多かった。編集を変えることが、番組全体の意味さえ変えてしまうことを体感できたことは大きい。

〔ワークショップ全体について〕

◆同じ日に、同じ場所で撮っても、視点を変えるだけで、こんなに多様な作品ができることが興味深かった。

◆同じ条件で取材することで、渋谷の多面的なところを見ることができた。

◆24時間という限られた中で作ることがおもしろかった。

◆他の班と制作過程を共有できたのが有意義だった。

◆制作のプロセスが学べた。

◆映像制作をしてみて、テレビから流れてくる映像は再構成されたものだな、ということを感じることができた。
◆制作者側と視聴者側では、同じ映像から受ける印象が大変異なるものだとわかった。
◆映像の強さ、映像表現のおもしろさを学ぶことができた。

取材段階、編集段階で何度か中間報告を行うことで、他の班が抱える問題や解決策も共有することができた。違う発想、別のアプローチがあることに気がつくという意味でも有効だった。また、これまで普通に見ていたテレビが、実はこのようなプロセスでできていることを知り、テレビに対する見方が変わったという学生が多かった。制作者の「意図」や「演出」の存在、構成や編集による「意味」の創出、テロップや音楽の効果などを、まさに体験的に理解したようだ。それは、このワークショップの大きな目的であり、テレビの作り手側の意識までが少し見えてきたはずだ。

現在は、こうしたワークショップで制作した映像を、インターネットやブロードバンドなどを通じて〝発信〟することが可能だ。情報の〝受け手〟であり、〝作り手〟であり、さらに〝送り手〟となることで、メディア・リテラシー、テレビ・リテラシーはますます自分たちのものとなっていくだろう。

あとがきにかえて……「これまで」と「これから」

テレビについての記憶

本書にも書いたとおり、日本でテレビ放送が始まったのが昭和28（1953）年。NHKと日本テレビが、それぞれ放送を開始した。まさに、今年は誕生50周年に当たる。

テレビ放送が始まった頃の報道写真で、「街頭テレビに見入る群集」を写したものがあった。カメラがテレビ側から撮っているのだが、写真の画面をこちら向きの無数の顔が埋めている。しかも、どの顔も笑っているのだ。プロレスか野球中継か、一体どんな番組を見ているのか、人があれほど楽しげに何かを眺めている風景を見たことがない。初期のテレビは、まさしく見る人の心をわしづかみにしていたようだ。

私が生まれたのは昭和30年だが、まだ町内にテレビの入っている家は少なかったと思う。我が家にもなかった。テレビについての一番古い記憶は、近くのお肉屋さんの茶の間で近所の子供たちと一緒にテレビを見せてもらっている光景だ。たぶん3歳くらいだったろう。それからすぐ、家でテレビが見られるようになった。可愛い初孫が夕方になるとテレビ見物に行ってしまうことに憤慨した祖父が、テレビを購入してくれたのだ。

ある日、保育園から家に戻ると、床の間の掛け軸と花瓶が消えていて、代わりに届いたばかりのテレビが鎮座していた。確かシャープの14インチ型だったはずだ。四本足の上に乗った四角の箱を、劇場の緞帳《どんちょう》のような幕が覆っていた。これをたくし上げるとブラウン管が現れる。リモコンなどもちろん夢のまた夢、丸いチャンネルをガチャガチャと回したものだ。記憶している番組は「ジェスチャー」「お笑い三人組」「チロリン村とくるみの木」「月光仮面」「名犬ラッシー」などなど。現代から見たら、単純すぎたり、稚拙な作りだったりするのかもしれない。でも、見る側は夢中だった。

気がつけば、もう45年もテレビを見続けている。いまだに飽きない。それどころか、この23年間はテレビ番組を作ることを仕事にしてきた。深夜まで編集作業をして帰宅したあと、今度は視聴者として録画しておいた番組を朝まで見ているのだから、やはりテレビが好きなのだろう。

現場から見たテレビ論を講義に

もちろん、現在のテレビは「いいこと」ばかりではない。それどころか、まさにテレビ・リテラシー的には問題が山積している。だが、まだまだテレビの可能性は大きい。私たち現役のテレビマンも、その可能性を生かしきってはいないはずだ。ましてや、新たな作り手がテレビの地平を広げる余地は想像がつかないくらいだ。テレビプロデューサーとしての仕事と並行して、大学の教壇に立ち続けてきたのは、そんな思いがあったからだろう。

慶應義塾大学湘南藤沢キャンパス（ＳＦＣ）の教壇に初めて立ったのは、１９９４年のこと。友人で、当時ＳＦＣの助教授だったコンピュータ・アーティストの藤幡正樹さん（現在、東京藝術大学教授）からのお誘いだった。「映像環境論」の枠で、現場から見たテレビといった授業を、というリクエストだった。そのときは、まさか9年間もＳＦＣに通うことになるなんて思ってはいなかったから、縁というのは不思議なものだ。

98年の4月に現在の宮崎台（川崎市）の家に引っ越すまでは、京葉線の新浦安に住んでいて、授業のある日は東京駅経由で東海道線に乗り、辻堂からバスでＳＦＣに行っていた。東海道線の車中、辻堂駅が近くなるにしたがって、だんだん〝もう一人の自分〟に変身するような感覚がおもしろかった。

当時の担当は春学期の「映像環境論」だけで、ＳＦＣに行くのも半年のみ。慣れないうちは大変だったけれど、授業が全部終了すると、翌年までの半年が待ち遠しかったのを覚えている。

翌95年、新浦安の海に近いマンションに、当時50万円くらい（ＰＣも高価だった）かけて初めてのパソコン（ＭａｃのＰＬＵＳ）やプリンターなど一式を導入し、インターネットなるものを使いだしたのもＳＦＣのおかげだ。授業のあとは、教員食堂で学生たちと一緒に昼飯を食べて、都内の仕事場へと出かけて行った。あの昼飯のひとときがまた楽しく、マスコミ志望の学生たちが勝手に集まって〝非合法碓井ゼミ〟の誕生となった。ある学生が、毎週、番組のアイデアを持ってきては、ああだこうだと私にプレゼンをした「企画千本ノック」もこの頃だ。

初の単行本『テレビが夢を見る日』（集英社）には、私がプロデュースしたドラマ「噂の探偵ＱＡＺ」のスチル写真が載っている。そこには、主演の古尾谷雅人さん（今年3月25日に逝去。合掌）を囲む非合法一期生たちの姿がある。みんな、照明部や演出部の助手をしながらエキストラ出演もしていたのだ。

私が非常勤講師から準専任助教授という、いわば非常勤の助教授とでもいうべきＳＦＣらしいユニークな立場に変わり、〝正式なゼミ〟が始まったのは96年だった。ゼミには毎年おもしろいメンバーが集まってくれた。この9年間で160人のゼミＯＢ・ＯＧが世に出たが、そのうちの8割、130人がマスコミ四業種といわれる放送・出版・新聞・広告の世界で活動している。

参加しているメンバーがその年のゼミの雰囲気を作るのだが、それぞれ独自でありつつも、毎年ちゃんと〝碓井ゼミらしさ〟が生まれるのは、タテヨコの関係などがうまくいっていたからだと思う。志望理由書と面接による選考、ゼミ立ち上げコンパ、春合宿、夏合宿、UVF（碓井ビデオフェスティバルという発表会）、追い出しコンパ、卒業式、そしてOB・OGと現役生が一堂に会する「家《や》満《ま》重《じゅう》シンジケート（私の実家の屋号がついたゼミOB会）」秋の総会。それら碓井ゼミらしいイベントも充実して、毎年、時間のたつのがとても早かった。

98年には最初の本『テレビが夢を見る日』、2000年に『マスコミ就職　合格のヒント』（朝日出版社）、そしてこのPHP新書と、私自身が大好きな「活字の仕事」を形にしてこられたのもSFCと碓井ゼミのおかげだ。

途中、準専任助教授という立場には期限があり、しかも更新できない制度だったため、ゼミの存続が危うかったときもあった。このときはゼミ生たちが学内で署名運動までしてくれた。一時、環境情報学部長だった斎藤信男先生の研究室に碓井ゼミ全体が緊急避難させていただく形でしのぎ、のちに大学院政策・メディア研究科の特別研究助教授となってゼミは継続してきた。

新たなメディア論の可能性

ここ数年、自分の中で大学という「場」がどんどん比重を高めていた。できれば、気力、体力も十分なうちに大学をベースに活動できるようになりたいと思っていた。時間もエネルギーも、もっと投入したくなった。それは、やはり学生たちとの活動が楽しかったからだろう。

「大学でも教えているプロデューサーから、プロデュースする大学の先生へ」。こういうのは本当に〝縁〟みたいなもので、2002年4月から北海道の千歳科学技術大学（CIST）光科学部の専任助教授に就任させていただいた。日本で唯一の光サイエンスの専門学部である光科学部は、ブロードバンドの本命である光ファイバーやレーザーなどの一大研究拠点だ。

私は現在、CISTでは、これまでのテレビ研究と共に、地域コミュニティ、市民メディアなどをキーワードとしたブロードバンドの研究を行っている。地域に密着した大学であることから、現実の都市を舞台に様々な実証実験ができる点も恵まれている。テレビというメディアと、インターネットというメディアの両方を研究・実践していける現在の状況は、とてもやりがいがあるものだ。

CISTでの研究・教育活動がますます本格化することもあり、9年間を過ごしたSFCはこの3月で〝卒業〟させていただいたが、慶大三田のメディア・コミュニケーション研究所の「放送制作」、東京藝大での「現代テレビ論」といった授業は続いている。そしてさらに、私が大学院博士課程の院生として〝在学〟している千葉商科大学の政策情報学部長である井関利明先生からお話があり、院生として通っている日に、講師として「メディアと文化」の授業をさせていただくことになった。大変ではあるけれど、元ＳＦＣ総合政策学部長で現在は私の〝指導教官〟でもある井関先生からのご指名は、とてもうれしかった。

北海道の大学の先生が、東京で三つの大学の非常勤講師を務めるというのも聞いたことがない。そのうえ、毎週の新聞コラム２本と週刊誌の書評。故郷・信州と北海道・千歳の地元紙のエッセイもある。毎日が締め切りでも、このＰＨＰ新書のように、さらなる書き下ろしもやっていきたい。やはり読むこと、書くことが大好きなのだ。

全体に無茶な話だが、もともと無茶とか無理は嫌いではないし、二足、いや三足のワラジはこの10年続いていることだ。たぶん、人はやれることしかやれないし、やれている間はそれが可能なんだろうと思う。それに、嫌でもこれまで以上に時間は矢のごとく流れ、やがて物理的に無理などできないようになるのも、また自然なことだ。途中で倒れるつもりはないが、行けるところまで行ってみようと思っている。

人生はいつも本番

私は今年の２月27日で48歳になった。10年というのは、ある区切りなのだろうか。30年前の18歳のとき、慶應に入り、一人で東京に出てきた。28歳のとき、松本深志高校の同級生だったカミさんと結婚した。38歳のとき、テレビマンユニオンの代表取締役常務なるものを経験し、ほぼ同時期にSFCに登場した。

そして48歳の私はSFCを〝卒業〟し、CISTでの新たな展開が始まっている。これからの10年がどんなものであれ、これまで、そして現在、私とかかわって下さっている人たちとの〝縁〟を、さらなるものへと進化させたいと思う。それには、私自身が、これからも一歩ずつ歩み続けることが必要だ。

私の大好きな言葉で、いつも卒業する学生たちにサインするのが「人生はいつも本番」。常にそう思って生きているし、それに加えて「人生はいつも新人」でありたい。何歳になろうと、その年齢さえ含めて人生は初体験の連続であり、人は〝永遠の新人〟のはずだ。私もまた、常に一人のフレッシュマンとして、自分が選んだいくつもの「場（大学、執筆、テレビ制作、むろん私生活も）」で目いっぱいやってみたい。生き切ってみたい。

何も財産は持っていないが、人との〝縁〟には、とても恵まれている。この本を書くきっかけは、SFC総合政策学部教授の草野厚先生が、PHP研究所での「政治とメディア」研究会に誘って下さったことだ。研究会においては、PHP研究所第二研究本部の土井系祐さんに、また、出版へ向けては、PHP新書出版部の阿達真寿さんに大変お世話になった。それぞれの方々には感謝するばかりだ。

そして、この場を借りて、9年間に及ぶSFCでの活動を応援していただいた先生方と碓井ゼミに参加してくれた歴代の学生諸君、また、昨年から私を迎えて下さったＣＩＳＴの先生方と学生たちに、感謝の気持ちをお伝えしたい。

加えて、毎週、東京―北海道を〝飛行機通勤〟で往復するというわがままを支えてくれている家族に、「ありがとう」を。

最後に、この本を読んで下さったすべての皆さんにも、お礼を申し上げたい。

２００３年５月吉日

窓の外に上昇するジャンボ機が見える千歳の研究室にて

雁井広義

〈参考文献〉

〔テレビ全体をめぐって〕
碓井広義『テレビが夢を見る日』集英社、1998年
岡村黎明『テレビの21世紀』岩波新書、2003年
小池正春『実録視聴率戦争！』宝島新書、2001年
辛坊治郎『TVメディアの興亡』集英社新書、2000年
電通総研編『情報メディア白書2003』ダイヤモンド社、2003年
鳥越俊太郎『ニュースの職人』PHP新書、2001年
生田目常義『新時代テレビビジネス』新潮社、2000年
西　正『今のテレビが使えなくなる日』日本実業出版社、2001年

〔テレビの歴史をめぐって〕
荒俣　宏『TV博物誌』小学館、1997年
猪瀬直樹『欲望のメディア』小学館、1990年
伊豫田康弘ほか『テレビ史ハンドブック』自由国民社、1998年
NHK放送文化研究所監修、小田貞夫著『放送の20世紀』日本放送出版協会
小林信彦『テレビの黄金時代』文藝春秋、2002年
志賀信夫『昭和テレビ放送史（上・下）』早川書房、1990年

TVガイド編『テレビ50年』東京ニュース通信社、2000年
早坂　暁『テレビがやって来た！』日本放送出版協会、2000年

〔メディア・リテラシー、テレビ・リテラシーをめぐって〕
浅野健一・山口正紀編著『無責任なマスメディア――権力介入の危機と報道被害』現代人文社、1996年
浅野健一『メディア・リンチ』潮出版社、1997年
アート・シルバーブラットほか著、安田尚監訳『メディア・リテラシーの方法』リベルタ出版、2001年
カナダ・オンタリオ州教育省編、FCT市民のメディア・フォーラム訳『メディア・リテラシー　マスメディアを読み解く』リベルタ出版、1992年
草野　厚『テレビ報道の正しい見方』PHP新書、2000年
小中陽太郎編『メディア・リテラシーの現場から』風媒社、2001年
佐藤二雄『テレビとのつきあい方』岩波ジュニア新書、1996年
人権と報道関西の会編『マスコミがやってきた！』現代人文社、2001年
新藤健一『崩壊する映像神話』ちくま文庫、2002年
菅谷明子『メディア・リテラシー　世界の現場から』岩波新書、2000年
鈴木みどり編『メディア・リテラシーを学ぶ人のために』世界思想社、1997年
鈴木みどり編『メディア・リテラシー　入門編』リベルタ出版、2000年
武田　徹『戦争報道』ちくま新書、2003年
田宮　武『テレビ報道論』明石書店、1997年

津田正夫・平塚千尋編『パブリック・アクセス　市民が作るメディア』リベルタ出版、1998年
日本放送労働組合編『送り手たちの森――メディアリテラシーが育む循環性』日本放送労働組合、2000年
日本放送労働組合編『人としてジャーナリストとして――放送と人権』日本放送労働組合、2000年
原　寿雄編『市民社会とメディア』リベルタ出版、2000年
メディア検証機構編『特定非営利法人メディア検証機構2002年年報』
藤竹　暁『ワイドショー政治は日本を救えるか』ベスト新書、2002年
水越　伸『デジタル・メディア社会』岩波書店、2002年
メディアリテラシー研究会『メディアリテラシー――メディアと市民をつなぐ回路』日本放送労働組合、1997年
吉岡逸夫『なぜ記者は戦場へ行くのか』現代人文社、2002年
吉見俊哉編『メディア・スタディーズ』せりか書房、2000年
渡辺武達『テレビ「やらせ」と「情報操作」』三省堂、1995年
渡辺武達『メディア・トリックの社会学』世界思想社、1995年
渡辺武達『メディア・リテラシー――情報を正しく読み解くための知恵』ダイヤモンド社、1997年

〔番組制作をめぐって〕
相田　洋『航跡　移住31年目の乗船名簿』日本放送出版協会、2003年
桜井　均『テレビの自画像』筑摩書房、2001年
鈴木　肇『TVドキュメンタリスト』アートダイジェスト、2000年

東放学園『映像制作の基礎』１９９３年
日本映画テレビ技術協会『テレビ番組制作技術の基礎』１９９６年
山登義明『テレビ制作入門』平凡社新書、２０００年
読売テレビ審査室『チャレンジ！テレビ番組づくり』２００２年
渡辺みどり『テレビ・ドキュメンタリーの現場から』講談社現代新書、２０００年

〔雑誌ほか〕
『ＡＵＲＡ』フジテレビ調査部
『月刊マスコミ市民』マスコミ市民
『月刊　民放』民放連
『ＧＡＬＡＣ』放送批評懇談会
『新・調査情報』ＴＢＳ
『総合ジャーナリズム研究』総合ジャーナリズム研究所
『ビデオリサーチ・ダイジェスト』ビデオリサーチ

〈著者がプロデュースした主な番組〉

'87　なんてったって好奇心「追跡！ 消えた侯爵の謎」フジテレビ
'88　なんてったって好奇心「追跡！ 消えた鹿鳴館の謎」フジテレビ
'88　なんてったって好奇心「巨人追跡！ 消えた探検伯爵の謎」フジテレビ
'88　報道スペシャル「アメリカ大統領選挙」テレビ朝日
'88　ドラマスペシャル「スペアのない恋がしたい」日本テレビ
'89　深夜対論「ＴＨＥ ＶＳ」フジテレビ
'89　環境スペシャル「たけしの地球ダイジョーブ!?」関西テレビ
'90　大相撲スペシャル「千代の富士1000勝」テレビ朝日
'91　ＮＯＮＦＩＸ「もう一つの教育――伊那小学校春組の記録」フジテレビ
'91　経済クイズ「敏感！エコノクエスト」毎日放送
'91　情報バラエティー「ご存知！平成一番人気」毎日放送
'92　「皆殺しの数学」フジテレビ
'92　「アメリカン・ギターズ」フジテレビ
'93　「ブルース・オン・ザ・ロード」フジテレビ
'93　ＮＥＣスペシャル「アーサー・Ｃ・クラーク　未来からの伝言」テレビ朝日
'93　金曜エンタテイメント「人間ドキュメント 夏目雅子物語」フジテレビ
'93　年末深夜スペシャル「生まれてはみたけれど」日本テレビ
'94　ワーズワースの冒険「乱歩の見た夢」フジテレビ
'94　ネオハイパーキッズ「噂の探偵ＱＡＺ」日本テレビ
'95　外務省スペシャル「インドネシア　南の島の水紀行」テレビ東京
'95　ドラマスペシャル「噂の探偵ＱＡＺ」日本テレビ
'95　年末スペシャル「アイアンマンクイズ」フジテレビ
'96　正月スペシャル「ＬＯＶＥ＆ＭＯＮＥＹ」フジテレビ
'96　ビデオシネマ版「噂の探偵ＱＡＺ」バップ
'96　ゲームソフト「風水先生」セガ
'97　ＮＴＴスペシャル「予言者たちの伝説　マルチメディア創造史」フジテレビ
'97　「アート＆サイエンスの現在」ＮＴＴインターコミュニケーション・センター
'97　サンデープレゼント「天気に捧げた我が人生」テレビ朝日
'98　「長野オリンピック開閉会式」制作プロジェクトに参加
'99　ドラマスペシャル「青年は荒野をめざす'99」名古屋テレビ
'99　ビデオ版「青年は荒野をめざす'99」東宝
'00　年末年始スペシャル「カウントダウン2000」テレビ朝日
'01　「マリオスクール」テレビ東京
'01　「マジック王国」テレビ東京
'02　「ストリートマジック・スペシャル」フジテレビ

PHP新書

PHP INTERFACE
http://www.php.co.jp/

碓井広義［うすい・ひろよし］

1955年長野県生まれ。慶應義塾大学法学部卒業。81年、テレビマンユニオンに参加。現在、プロデューサー。代表作に『人間ドキュメント 夏目雅子物語』『青年は荒野をめざす'99』など。番組制作と並行して94年より慶應義塾大学SFC（湘南藤沢キャンパス）の教壇に立つ。慶應義塾大学大学院政策・メディア研究科助教授を経て、現在、千歳科学技術大学光科学部助教授。慶應義塾大学メディア・コミュニケーション研究所、東京藝術大学映像・舞台芸術教育室、千葉商科大学政策情報学部で講師を務める。専門はメディア文化論、メディア・リテラシー、デジタル・コンテンツ制作。
著書に『テレビが夢を見る日』（集英社）、『マスコミ就職 合格のヒント』（朝日出版社）など。

テレビの教科書 (PHP新書252)
ビジネス構造から制作現場まで

二〇〇三年六月二日 第一版第一刷

著者――碓井広義
発行者――江口克彦
発行所――PHP研究所
東京本部――〒102-8331 千代田区三番町3-10
新書出版部 ☎03-3239-6298
普及一部 ☎03-3239-6233
京都本部――〒601-8411 京都市南区西九条北ノ内町11
組版――有限会社エヴリ・シンク
装幀者――芦澤泰偉＋野津明子
印刷所
製本所――図書印刷株式会社

ISBN4-569-62786-2

PHP新書刊行にあたって

「繁栄を通じて平和と幸福を」(PEACE and HAPPINESS through PROSPERITY)の願いのもと、PHP研究所が創設されて今年で五十周年を迎えます。その歩みは、日本人が先の戦争を乗り越え、並々ならぬ努力を続けて、今日の繁栄を築き上げてきた軌跡に重なります。

しかし、平和で豊かな生活を手にした現在、多くの日本人は、自分が何のために生きているのか、どのように生きていきたいのかを、見失いつつあるように思われます。そして、その間にも、日本国内や世界のみならず地球規模での大きな変化が日々生起し、解決すべき問題となって私たちのもとに押し寄せてきます。

このような時代に人生の確かな価値を見出し、生きる喜びに満ちあふれた社会を実現するために、いま何が求められているのでしょうか。それは、先達が培ってきた知恵を紡ぎ直すこと、その上で自分たち一人一人がおかれた現実と進むべき未来について丹念に考えていくこと以外にはありません。

その営みは、単なる知識に終わらない深い思索へ、そしてよく生きるための哲学への旅でもあります。弊所が創設五十周年を迎えましたのを機に、PHP新書を創刊し、この新たな旅を読者と共に歩んでいきたいと思っています。多くの読者の共感と支援を心よりお願いいたします。

一九九六年十月

PHP研究所

PHP新書

［社会・教育］

039 話しあえない親子たち　伊藤友宣
042 歴史教育を考える　坂本多加雄
102 年金の教室　高山憲之
109 介護保険の教室　岡本祐三
117 社会的ジレンマ　山岸俊男
131 テレビ報道の正しい見方　草野　厚
134 社会起業家―「よい社会」をつくる人たち　町田洋次
141 無責任の構造　岡本浩一
173 情報文明の日本モデル　坂村　健
174 ニュースの職人　鳥越俊太郎
175 環境問題とは何か　富山和子
183 新エゴイズムの若者たち　千石　保
227 失われた景観　松原隆一郎
237 ナノテクノロジー―極微科学とは何か　川合知二
246 離婚の作法　山口　宏

［知的技術］

003 知性の磨きかた　林　望
017 かけひきの科学　唐津　一
025 ツキの法則　谷岡一郎
074 入門・論文の書き方　鷲田小彌太
075 説得の法則　唐津　一
112 大人のための勉強法　和田秀樹
115 書くためのパソコン　中野　明
127 電子辞典の楽しみ方　久保田博南
130 日本語の磨きかた　林　望
145 大人のための勉強法 パワーアップ編　和田秀樹
158 常識力で書く小論文　鷲田小彌太
180 伝わる・揺さぶる！ 文章を書く　山田ズーニー
199 ビジネス難問の解き方　唐津　一
203 上達の法則　岡本浩一
212 人を動かす！ 話す技術　杉田　敏
233 大人のための議論作法　鷲田小彌太

［文学・芸術］

012 漱石俳句を愉しむ　半藤一利
034 8万文字の絵　日比野克彦
049 俳句入門　稲畑汀子
077 一茶俳句と遊ぶ　半藤一利
120 日本語へそまがり講義　林　望

132 時代劇映画の思想 筒井清忠
162 人生を変える読書 武田修志
207・211 日本人の論語(上・下) 谷沢永一

[心理・精神医学]

004 臨床ユング心理学入門 山中康裕
018 ストーカーの心理学 福島 章
030 聖書と「甘え」 土居健郎
047 「心の悩み」の精神医学 野村総一郎
053 カウンセリング心理学入門 國分康孝
065 社会的ひきこもり 斎藤 環
101 子どもの脳が危ない 福島 章
103 生きていくことの意味 諸富祥彦
111 「うつ」を治す 大野 裕
119 無意識への扉をひらく 林 道義
138 心のしくみを探る 林 道義
148 「やせ願望」の精神病理 水島広子
159 心の不思議を解き明かす 林 道義
160 体にあらわれる心の病気 磯部 潮
164 自閉症の子どもたち 酒木 保
171 学ぶ意欲の心理学 市川伸一
196 〈自己愛〉と〈依存〉の精神分析 和田秀樹

214 生きる自信の心理学 岡野守也
225 壊れた心をどう治すか 和田秀樹

[人生・エッセイ]

001 人間通になる読書術 谷沢永一
087 人間通になる読書術・実践編 谷沢永一
122 この言葉! 森本哲郎
147 勝者の思考法 二宮清純
161 インターネット的 糸井重里
188 おいしい〈日本茶〉がのみたい 波多野公介
200 「超」一流の自己再生術 二宮清純

[宗教]

024 日本多神教の風土 久保田展弘
070 宗教の力 山折哲雄
081 〈狂い〉と信仰 町田宗鳳
099 〈脱〉宗教のすすめ 竹内靖雄
113 神道とは何か 鎌田東二
123 お葬式をどうするか ひろさちや
210 仏教の常識がわかる小事典 松濤弘道
218 空海と密教 頼富本宏